JN241865

わかって楽しい、
ガンマ式数学物語

はじめの言葉

ここには、Ｎｏ１～Ｎｏ３０まで「数学の問題」があります。

内容は、小学校高学年の問題から高等学校３年まで含んでいます。定期試験で出題した「数学物語」（お話教材）や授業であつかった問題などです。

そのほかに、数学教育の指導資料を掲載しました。また、実際に生徒が取り組んだ「補充問題」も含まれています。

Ｎｏ１から順番に問題に取り組む必要はありません。自分の興味関心に合わせて、取り組んでみてください。

それぞれの問題には、解答と解説を掲載してあります。余談として当時の生徒の様子や、授業の反応なども掲載しました。

３８年間の教員生活の自分の信念は、「わかって・楽しく・学びがいのある数学」をめざすことでした。

「まちがっても、恥ずかしくない」を合言葉にして心がけてきたことは、

（１）自主プリントの教材作成　（２）教材・教具の開発
（３）ゲーム活動の導入　（４）実験活動による操作活動
（５）数学の目の作成（新聞記事から、問題作成）
（６）考査での「数学物語」活動　（７）生徒の作問活動＆作品作り

以上が心がけてきたことなのですが、授業では「なぜそうなるのか？を徹底的に考える」ことを大切にしてきました。

数学を学ぶことで、視野を広くするために「１あたりの量」の見方が大切であるということを繰り返し生徒に言ってきました。

「１あたり」という「数学のメガネ」をかけることで、単位量、変化率といった、２量の変化を把握する数学的な力が身に着くと考えていました。この考え方は、資料として掲載してあります。

最後に、自分が勤務したいろんな生徒たちが登場します。下記が生徒たちの学校の一覧です。

八丈町立大賀郷中学校
羽村市立第1中学校
あきる野市立秋多中学校
東大和市立第1中学校（心障学級）
都立羽村養護学校（高等部）知的障害
都立村山養護学校（中学部・高等部）肢体不自由
都立杉並ろう学校（中学部）
都立中央ろう学校（高等部）

目 次

No1. 単位量の問題１（算数の範囲）

最初の問題は単位量の問題にしましょう。単位量の問題は、１あたり量に注目すると簡単にわかってしまうものです。

１１月のある日曜日、ガンマ先生はふとＴＶをつけてみました。

ＴＶでは女子マラソンをやっていました。トップランナーは、風を切るようにどんどんとばしていました。２位との差は広がる一方でした。

トップの選手の走りをみていると、歩道を一緒に走っている子どもたちの姿が目にはいってきました。子どもたちは、何と全力で走っていたのです！　子どもが全力で走っているペースで、トップの選手は４２．１９５ｋｍも走っています。一体どのくらいのペースなのだろう？

ガンマ先生はふと、１位の選手の走る速度を出してみたくなりました。すぐに、自分の時計をストップウオッチにかえてみました。ＴＶではちょうどあと１００ｍで４０ｋｍ地点を通過することを言っていました。

「そうだ！　今がチャンスだ！」ガンマ先生はすぐにストップウオッチで計ってみました。

１秒、２秒、３秒、４秒、５秒……２０秒。ちょうど今、４０ｋｍ地点を通過。

何と１位の選手は、１００ｍを２０秒で走っていました。子どもたちが、一緒に全力で走っていたのがこれでよくわかりました。

１００ｍを２０秒のペースで４２．１９５ｋｍも走るマラソン選手の体力には、びっくりさせられました。

１００ｍを２０秒か……。これは、時速いくらなのだろう？

ガンマ先生の頭には、かけわり図が浮かんできました。

？	１００　ｍ
１秒	２０秒

？＝（　　　　　）÷（　　　）＝（　　　　　　　）

秒速は（　　　　　）ｍ／秒

１時間＝６０分＝３６００秒だから、秒速を３６００倍すれば、時速だ！

（　　　　　　　）×３６００＝（　　　　　　　　　　　　　　　）ｍ／時間

１０００ｍ＝１ｋｍだから、

マラソン選手の、時速は　（　　　　　　　　　　　　）ｋｍ／時間だった！

マラソン選手の時速が、わかり、何かジ～ンときたガンマ先生でした。

＜解答と解説＞

?	１００　ｍ
１秒	２０秒

？＝（　１００　）÷（２０）＝（５）

秒速は（５）ｍ／秒

（５）×３６００＝（　１８０００　）ｍ／時間

マラソン選手の、時速は　（１８）ｋｍ／時間でした。

さて、いきなり「かけわり図」が登場したのでは、一体何のことかわかりませんよね。ガンマ先生がどうして「かけわり図」を使用するようになったかを話しますね。

ガンマ先生が杉並ろう学校の中学部に転勤したときの話です。当時のろう学校は、口話教育が主流でした（現在は、手話が主流です）。

小学部に入学すると、発音練習や言葉の獲得の勉強を中心にしていましたので、授業進度が通常の学校と比較すると、どうしても遅くなっていました。

ガンマ先生がびっくりしたのは、中学１年生の生徒は、小学５年生の教科書。中学２年生は、小学６年生の教科書。中学３年生は、中学１年生の教科書からはじめるようになっていたことです。

授業進度が２年遅れていたのです。教科書通りの授業をしていたのでは、２年間の遅れは絶対に取り戻せないことになります。もともとガンマ先生は、中学校の数学の先生であったので、小学校の算数を授業で教えた経験はありませんでした。杉並ろう学校に転勤してはじめて、真面目に「算数」の教科書を勉強してみました。

実は、ガンマ先生は小学生のとき、算数が好きではありませんでした。特に「文章問題」は大嫌いでした。小学６年生のときには、文章問題だけのテストで、何と０点のときもあったくらいです。

そんな「算数文章問題・大嫌い」なガンマ先生が、数学の先生になっているのですから人生は不思議です。

「文章問題」を克服できたのは、中学に入学して、「方程式」を学んだときでした。未知数をｘとおけば、どんな文章問題でも式させ作れば、答えを求めることができるという経験が、数学を大好きにさせるきっかけになりました。

なんだ、数学は山登りと一緒なんだ！　と感じました。学年が進むにつれて視界が広がっていく。それからは、数学が大好きになってきました。

さて、話をもどしましょう。杉並ろう学校で算数の授業をしていると、文章問題で生徒が「先生、これはかけ算？　わり算？」「×の？÷の？」という質問が多くみられました。

何で、生徒はこんな質問をするのだろうかと毎回の授業で悩み続けるガンマ先生でした。

数学の世界では、かけ算は１つで、わり算は２つの意味があります。このことを生徒がわかっていないのではないかということに気づきました。では、どうしたら、そのことに気づくことができる生徒に育っていくのかということを考えはじめました。

ガンマ先生は「急がば回れ」という諺に従っていくことにしました。文章問題のなかに潜んでいる「量の関係」がわかり、量のしくみを見る目を育てていけば「×の？÷の？」という質問は出ないはずだと思い、「１あたり量」×「いくつ分」＝「全体量」という授業をしてみようと思いはじめました。

こうした「量の関係」を見抜く力を身に着けていくためには、量の関係を表す道具が必要でした。それが「かけわり図」です。

「かけわり図」で量のしくみを表してしまえば、どんな文章問題も、自分の力で解くことができるはず！　そんなことを考え、ガンマ先生は、授業書を作成し、単位量、速度、割合などの授業をしていきました。

さて、ここで「かけわり図」の勉強をしてみませんか？　もう一度、算数の復習からはじめてみましょう。

＜ 資 料 ＞

「かけわり図とは何か」（×の？、÷の？の発言をなくす！）

×算は、１つ（１あたり量×いくつ分）

÷算は、２つ（等分除：全体量÷いくつ分。包含除：全体量÷１あたり量）

（１）かけ算って何だ？　ＡとＢの団子のちがいは、何でしょう？

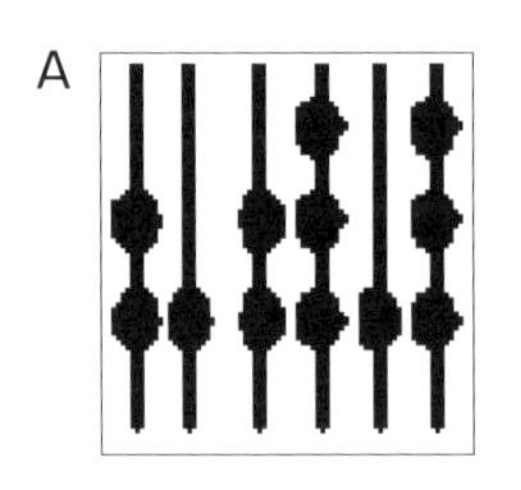

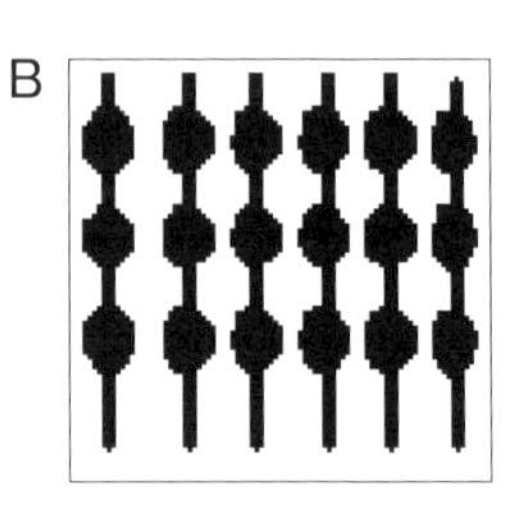

何がわかると、団子の数がわかりますか？

ただし、１本の串にささっている団子の数は同じです。

＜全部の数（全体量）がわかるためには＞

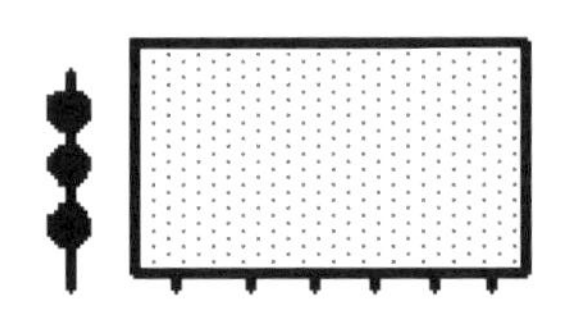

①１本についている団子の数　　②串の数

以上、２つの数がわからないと求めることができません。

3個（１あたり量）　　　　　　　　　　18個（全体量）

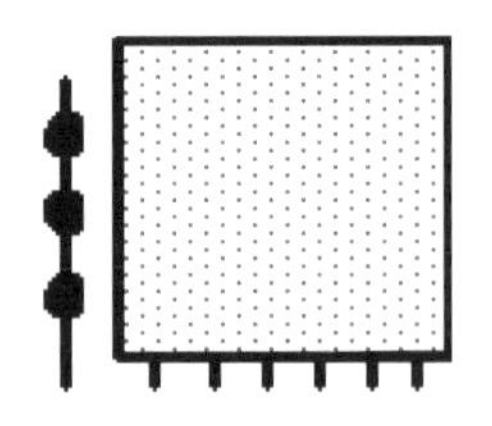

○数学の言葉　　　　　　　　　１本　６本（いくつ分）

・１本についている団子の数を、「１あたり量」といいます。

・串の数を、「いくつ分」といいます。

・団子全部の数を「全体量」といいます。

「1本あたり3個ついている団子がありました。串の数は6本でした。団子の数は全部で何個？」1あたり量は、3個。いくつ分は、6本。全体量は、？個なので、かけわり図を作ると、

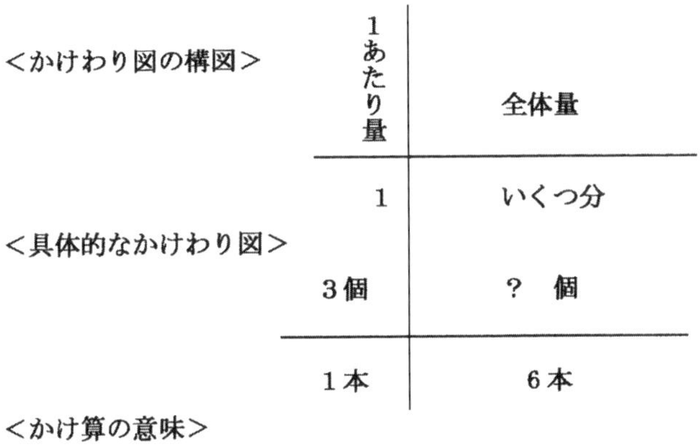

＜かけわり図の構図＞

1あたり量	全体量
1	いくつ分

＜具体的なかけわり図＞

3個	？ 個
1本	6本

＜かけ算の意味＞

1あたり量の数と、いくつ分の数がわかれば、全体量の数がわかりました。

そこで、いっぺんに18個を求めるようにするために「かけ算」を作りました。

1あたり量の数が3個で、いくつ分の数が6本のときは、全体量の数は18でしたので、このことを新しい記号×を使って3×6＝18と書くことにしました。

つまり、かけ算という計算は、「1あたり量」×「いくつ分」＝「全体量」という計算だったのです。

※かけ算には×順番がある

数学的には、3×6＝18と6×3＝18は同じ（交換法則）なのですが、上記の問題のかけ算では、絶対に6×3＝18としてはだめです。数学的な見方（量の把握）からすれば、あくまでも「1あたり量」×「いくつ分」＝「全体量」ですので、上記の問題は、3個／本×6本＝18個になるわけです。

（２）÷算が２つ！

等分除（１あたり量を求める、÷算）

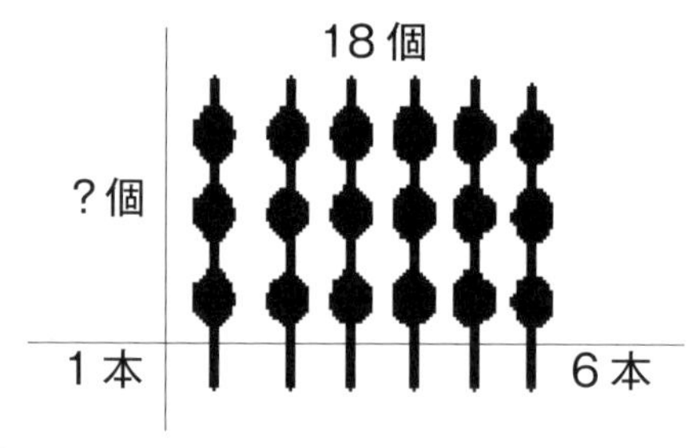

「団子の数は全部で１８個あります。串の数は６本です。では１本あたりの団子の数は何個？」

？個	１８個
１本	６本

（式）　？＝１８個÷６本＝３個／本　　　　　　答え　３個

包含除（いくつ分を求める、÷算）

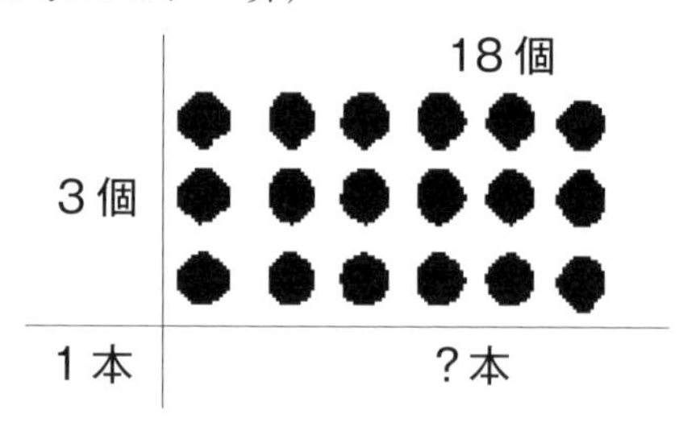

「団子の数は全部で１８個あります。１本あたりの団子は３個ささっています。串の数は何本？」

３個	１８個
１本	？本

（式）　？＝１８個÷３個／本＝６本　　　　　　答え　６本

（３）まとめ　　　１あたり量×いくつ分＝全体量

全体量÷いくつ分＝１あたり量（等分除）

全体量÷１あたり量＝いくつ分（包含除）

No2. 単位量の問題２（算数の範囲）

次は、北海道へ娘とバイクツーリングしたときの話です。

１９９３年夏、ガンマ先生は小５の娘をバイクに乗せて、北海道でツーリングキャンプ生活を楽しんでいました。北海道を走って４日目、この日めざしたのは、北の端「宗谷岬」。山を越えて日本海に出て、利尻島、礼文島を左に見て、北へ北へとバイクを走らせていました。

日本の最北端「宗谷岬」は、オホーツクの静かな海と、ゆっくり進む遠い船。日本の北の端にきたのだなという感動にひたって、ずっと座って海を見つめている親子でした。陽も傾き、この日のキャンプ場へと、バイクを走らせることにしました。

海と別れてバイクは山のなかへと走りました。もうあたりは薄暗くなってきました。「早く、キャンプ場へ」と、心はかなりあせってきました。

そんな時、ガソリンが「あと１ℓしかない」というランプがついてしまいました。

「ヤバイ」、ガンマ先生はすぐバイクを止めて、地図を見ることにしました。一番近いガソリンスタンドまであと１０ｋｍと出ていました。

あと１ℓで１０ｋｍ走れるか？　ガンマ先生はあせりました。このバイクは一体１ℓでどのくらい走るのだろう？　朝ガソリンをいれたときは、２５ℓはいった。その時の走った距離は２７７．５ｋｍ……。２５ℓで２７７．５ｋｍ走ったのだから……。「ハッ！」とひらめくものがありました。　メモ帳を取り出し、さっそく「かけわり図」を書いてみました。

?	２７７．５　ｋｍ
１ℓ	２５　ℓ

（　①　）÷（　②　）をすれば、１ℓでどのくらい走るかわかるはずだ。

　さっそく小さな電卓を取り出してやってみました。

（　　③　　）ｋｍ／ℓ（小数第１位まででＯＫ）

　ガソリンスタンドまでは、１０ｋｍ。これなら、１ℓのガソリンで走れる。山に沈む夕陽に向かって、バイクをひたすら走らすガンマ先生でした。

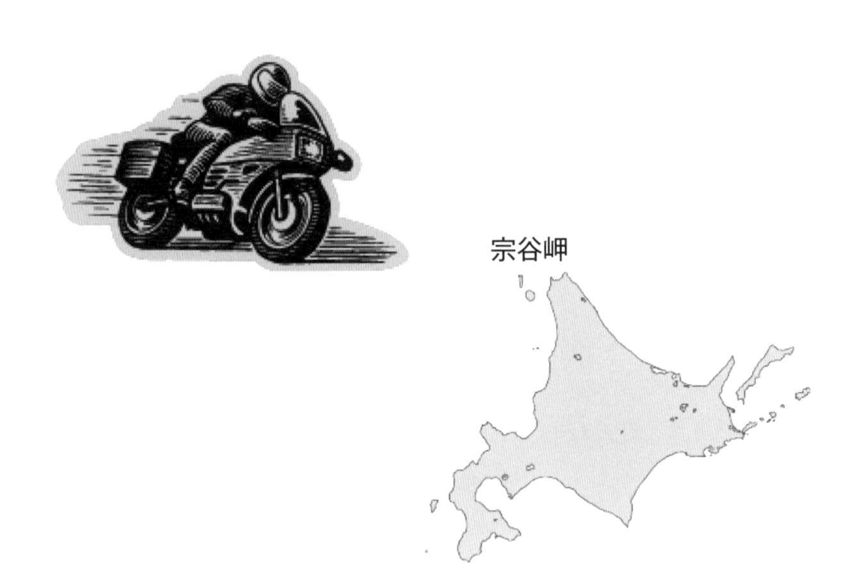

（問い）

　①②③の（　　　　　）にはいる数はいくつでしょう？

①＝（　　　　　　　　）

②＝（　　　　　　　　）

③＝（　　　　　　　　）

＜解答と解説＞

①＝２７７．５　　②＝２５　　③＝１１．１

？	２７７．５　ｋｍ
１ℓ	２５　ℓ

（余談）

ガンマ先生の家族は５人です。長女（未来）次女（幾何）長男（響）の３人の子どもがいます。

ガンマ先生の家族は、響が１歳、幾何が３歳、未来が５歳のときから毎年、北海道の滝上町にある「森の子どもの村」というキャンプ場で生活しています。電気、水道もないキャンプ場で、井戸水と小川が生活用水です。もちろん、まきを割って火をおこし料理します。

ガンマ先生は毎年、子ども一人をバイクに乗せて、北海道をツーリングキャンプ生活しながら、家族のキャンプ場に合流していました。

子どもたちが小学生までは、ずっと一人ずつバイク旅を続けました。No ２の問題は、未来が小５のときも旅のときのお話です。

全体量÷いくつ分＝１あたり量　（等分除）ですので

１あたり量＝全体量÷いくつ分という量の関係になっていますので、

　？＝２７７．５÷２５

　　＝１１．１ｋｍ／ℓという計算をすれば、１あたり量は求めることができます。

この１１．１ｋｍ／ℓという量は、「燃費」といわれている量です。

この「燃費」という量は、２つの量のわり算の形で表されている量です。

１ℓあたり１１ｋｍ走りますよという量で「単位あたり量」とか「単位量」とも呼ばれている量です。

量のなかには、長さ（ｋｍ）、体積（ℓ）、重さ（ｋｇ）、面積（ｋm^2）など、一つの単位で表せる量もあります。

ガンマ先生は杉並ろう学校で、かけわり図を一つの数学の道具として使用して、数学の文章問題を解く方法を考えましたが、そもそも「量」の関係を自分がはっきりとわかっていない自分に気づきはじめました。

１あたり量＝単位量を見つけることがとっても大切なことだということを生徒に強調していたのですが、量の関係をしっかり自分の頭のなかで、整理していかないと、教え方に「ぶれ」がでそうで不安になりました。

学校教育のなかで、量の勉強は小学校からはじまっているのですが、量のしくみをしっかり教わっているかというと疑問です。

量には、加法が成り立つ量（長さや重さなど）と、加法がなりたたない量（濃度や温度）があります。

自分の頭のなかで、量とは何かということをはっきりさせる必要があると感じました。

＜資料＞

「量の分類と体系について」

・量の分類について

量は大きく２つに分かれます。１つは、「いくつ？」と問い、数えることができる量、もう１つは、「いくら？」と問い、何らかの「ものさし」で測りとらなくてはならない量です。

「いくつ？」の数を『分離量』といいます。

個々のものが、それ以上分割できない形で独立していて、１、２、３、４……と数えることができます。

（例）りんご、自動車、動物の数など……

分離量には、助数詞がつきます。

２個、２本、２枚、２人、２匹、２羽、２冊、２台、２回、２対、２段……数学の世界では、「自然数」「整数」が誕生しました。

「いくら？」の数を『連続量』といいます。

切れ目なくつながっていて存在していて「いくらでも細かく分割できる」ものです。

（例）水の量、長さ、広さ、面積、体積、密度、速さなど……

いくら？　の連続量は、２つに分かれます。

１）外延量（大きさや、広がりの量）……液量、長さ、面積、体積、重さ、時間、価格などです。

外延量は、合併がそのまま＋という演算につながりますので、外延量は「加法性」があります。

数学の世界では、単位が設定されました。

２ℓ、２m、２cm^2、２cm^3、２g、２秒、２円……そして、「小数」「分数」が誕生しました。

２）内包量（性質の強さや、程度の量）……密度、速さ、傾き、濃さ、温度、含有率、混合率などです。

内包量は、２つの外延量の除法で決まる量なので、「加法性」はありません。

２ｇ／ｃｍ^2、２ｍ／秒、２％＝０．０２ｇ／ｇ……

量の体系について

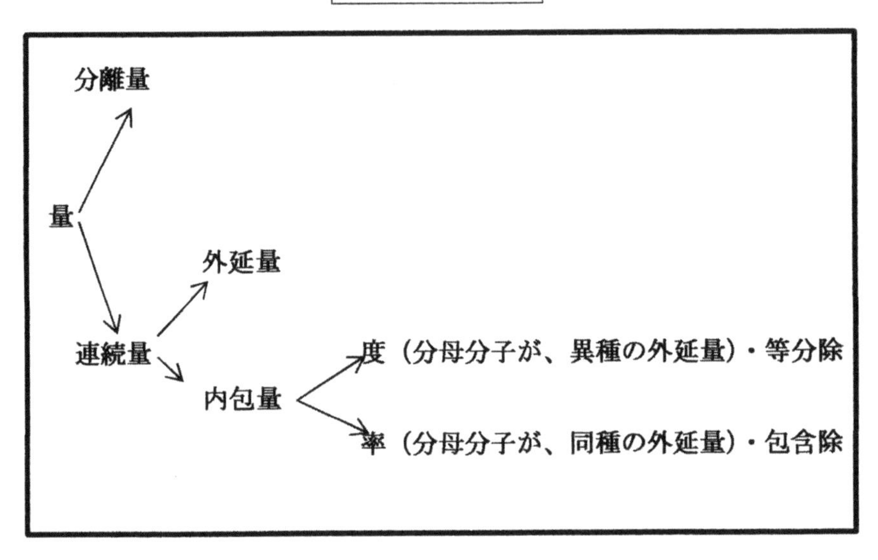

No3. 単位量の問題３（算数の範囲）

次の問題も、かけわり図を使う練習問題です。

６月１７日の深夜、ガンマ先生はテレビを見ていました。ちょうど土曜日の夜でもあり、「ルマン２４時間」自動車耐久レースにくぎづけでした。

この「ルマン耐久レース」は、フランス西部ルマンのサルテ・サーキット（１周１３．６ｋｍ）で、１７日スタートして、１８日午後４時にゴールするレースで、２４時間走り続ける自動車レースです。

優勝したのは、マクラーレンＦ１ＧＴＲという、ダルマスとレートと関谷の３人が交替しながら運転した車でした。このマクラーレンＦ１ＧＴＲという優勝した車は何と、２４時間で４０５３．６ｋｍも走っていました。２４時間で４０５３．６ｋｍ……か。ガンマ先生はその距離がどのくらいすごい距離なのかよくわかりませんでした。

しばらくボーとしていると、ハッ！　と気づきました。「そうだ！　１時間でどのくらいの距離を走ったのかわかればいいんだ！」

さっそく、ガンマ氏は、かけわり図を書いてみることにしました。

？ｋｍ	（　　　　　　　　　　）ｋｍ
１時間	（　　　　）時間

？＝（　　　　　　　　）÷（　　　　　）

　＝（　　　　　　　）

　≒（　　　　　　　）ｋｍ／時　（小数第１を四捨五入）

１時間でこんなに走るレースだったんだ。

ルマン２４時間耐久レースが、いかに過酷なレースであるかがよくわかったガンマ先生でした。

＜解答と解説＞

？ｋｍ	（　４０５３．６　）ｋｍ
１時間	（　２４　）時間

？＝（４０５３．６　）÷（２４）

＝（１６８．９）

≒（１６９）ｋｍ／時

この１６９ｋｍ／時という量は､速度という内包量です。正確に言えば、平均の速度のことです。

２４時間走った平均の速度が、１６９ｋｍ／時ですから、ものすごい速さですね。速度、距離、時間この３つの量の関係も、かけわり図を使用すれば簡単にできますね。

このかけわり図を使う前（まだ､量の関係がすっきりしていなかった時）は、速さの問題が出てきたら、キハジの図を特別に書いて、考えさせていました。

キハジの図

距離を求めるときは、キを指で押さえて　　　キ＝ハ×ジ

速さを求めるときは、ハを指で押さえて　　　ハ＝キ／ジ

時間を求めるときは、ジを指で押さえて　　　ジ＝キ／ハ

上記のように求めさせていたのですが、この図がただこの速さの問題だけしか使用できないので、教えながらこれで本当に生徒はわかったことになるのかな？　という疑問はいつでもありました。

距離＝速さ×時間あるいは、オームの法則のＥ＝Ｉ・Ｒもこの図で考えることもできますが、特別なテクニックを教えているようで、すっきりしませんでした。

しかし、かけわり図を使用して考えると、すっきりしてきました。
全体量＝１あたり量×いくつ分ですので、

１あたり量＝速度、
いくつ分＝時間、
全体量＝距離

量の関係は、生徒はすぐに理解することができました。

その後、キハジの図を使用することをやめました。
量の関係を理解していれば、かけわり図一つで、問題を解決していける生徒を育てることにしました。

？ｋｍ	（　４０５３．６　）ｋｍ
１時間	（　２４　）時間

この「かけわり図」を速さのかけわり図とすると

速度	距離
１	時間

という関係になっていることを、生徒たちは理解していきました。
したがって、速度の問題が出てきても公式を憶えていなくても、このかけわり図を書いて、文章問題から量を抜き出して、かけわり図を完成させて、計算すれば、答えが出てくるので、速さの問題に対する苦手意識は、かなり減っているようでした。

＜ 資 料 ＞

「１あたり量を見つけたら、かけわり図」

＜かけわり図の構図＞

１あたり量×いくつ分＝全体量、この関係がとても重要です。ここをきちんとおさえていくと、単位量、速度の学習が楽になります。

１あたり量	全体量
１	いくつ分

（例１）　時速４０ｋｍでｘｋｍ移動した。かかった時間は？

１あたり量＝時速４０ｋｍ　　いくつ分＝？時間　　全体量＝ｘ　ｋｍ

４０ｋｍ	ｘ　ｋｍ
１時間	？　時間

？＝ｘ　ｋｍ÷４０ｋｍ／時間

$=\frac{x}{40}$時間

（例２）　ｘ分は、何時間？

１あたり量＝６０分／時間　　いくつ分＝？時間　　全体量＝ｘ分

６０分	ｘ　分
１時間	？時間

？＝ｘ　分÷６０分／時間

$=\frac{x}{60}$時間

（例３）　３０％の食塩水が２００ｇある。食塩は何ｇなのでしょうか？

３０％＝１００ｇの食塩水のなかに、食塩が３０ｇはいっている割合のことなので１００あたり量です。だから１あたり量に戻して考えます。１あたり量＝３０％＝０．３ｇ／ｇ　いくつ分＝２００ｇ　全体量＝ｘｇ

０．３ｇ	ｘ　ｇ
１ｇ	２００ｇ

ｘ＝０．３ｇ／ｇ×２００ｇ

＝６０ｇ

１あたり量という数学のメガネ

９月にテロで崩壊した、ニューヨークのツィンタワーの「素顔」が当時の新聞に掲載されていました。

ツィンタワーの「素顔」
※１　エレベーターは２３９機、扉は２万枚
※２　メインエレベーターで屋上までは４分４８秒
※３　電話機は７万５千台。電話ケーブルは３万１千ｋｍ
※４　ビル全体の電気料金は１日３００万ドル（３億５千万円くらい）
※５　地下の喫茶店では１日にコーヒーが３万杯売れた
※６　１万９千ｋｍの電気ケーブルが張り巡らされた
※７　来訪者はセキュリティーチャックを終えるのに、５分かかった
※８　ともに１１０階建て。北棟は４１７ｍで、南棟より１．８ｍ高い
※９　通行人は３２ｋｍ先からもビルが見えた
※10　５万人以上が働き、１日に２０万人以上が出入りした
※11　９つのチャペルがあった
※12　ビル専用の郵便番号があった
※13　１万人以上が建設工事にかかわり、６０人以上が命を落とした
※14　ワシントンまで１．５ｍ幅道路が造れる量のコンクリートが使われた
※15　建設に使われた鉄でブルックリン橋があと３つ造れる
※16　ビルを維持するのに年間２５万缶の塗料が使われた

※１からの問題

「※８より、１１０階までエレベーターが稼動していたことがわかります。１機につき扉は１１０枚必要です。エレベーター―は、２３９機ありました。では、扉は何枚あったのでしょうか？」

＜かけわり図＞

１１０枚	？　枚
１機	２３９機

？＝１１０枚／機×２３９機
　＝２６２９０枚

※２からの問題

「屋上まで４分４８秒かかるということは、秒速何ｍのこと？」

北棟の高さは※８より４１７ｍです。４分４８秒＝２８８秒のことです。

＜かけわり図＞

？　ｍ	４１７ｍ
１　秒	２８８秒

？＝４１７ｍ÷２８８秒
　≒１．４５ｍ／秒

※６からの問題

「電気ケーブルは１９０００ｋｍ。１階あたり何ｋｍのケーブルが使用されていたのでしょうか？」

※８より、各棟は１１０階なので、全部で２２０階あったことになります。

＜かけわり図＞

？ｋｍ	１９０００ｋｍ
１　階	２２０階

？＝１９０００ｋｍ÷２２０階
　≒８６．４ｋｍ／階

No4. 単位量の問題４（算数の範囲）

次の問題は、１９９６年９月５日の新聞記事の内容です。

１９９６年９月５日の新聞各紙は、環太平洋合同演習で海上自衛隊の護衛艦「ゆうぎり」が、高性能２０１ミリ機関砲（ＣＩＷＳ）で標的を引っ張っている米軍機を打ち落としてしまった事故を報じていました。

米軍機の２人の乗員（パイロット）は無事救出されました。

海上自衛隊では、これまで高性能２０ミリ機関砲（ＣＩＷＳ）の実射訓練はあまりされていなかったということです。

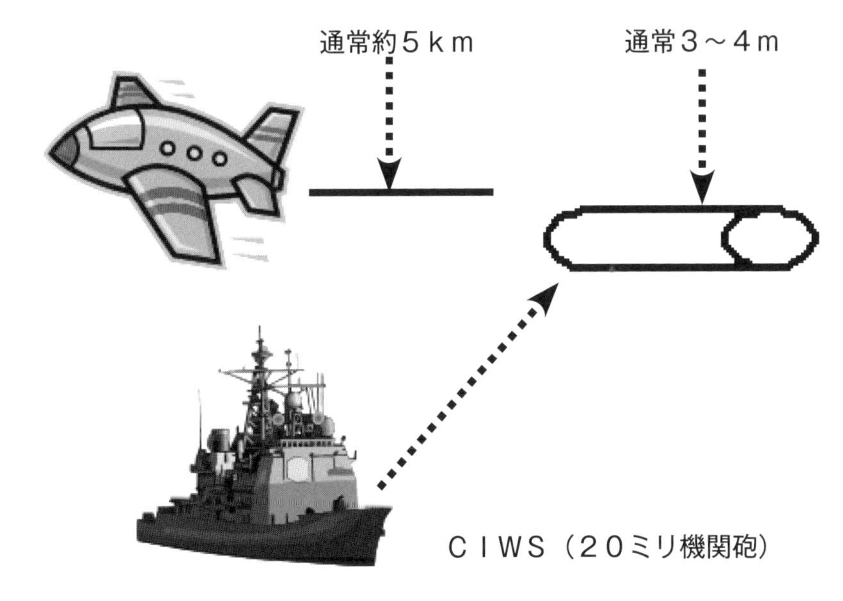

さて、各紙の記事によると、この高性能２０ミリ機関砲（ＣＩＷＳ）は２０ミリ機関砲とレーダー、コンピュータを組み合わせた全自動砲で、その性能は、

（１）毎分、３０００発（１分あたり３０００発）の速度で発射して、
　　弾幕を張ることができます。

（２）機関砲弾の値段は、１発が２０００円ということでした。

問題１

１分あたり３０００発の速度で発射できるのですから、１秒あたり何発発射したのでしょう？

（　　　　　　　　）発

問題２

１発が２０００円ですから、１秒で何円のお金がかかったことになるのでしょう？

（　　　　　　　）万円

問題３

では、１分では何円のお金がかかったことになるのでしょう？

（　　　　　　　）万円

問題４

実際、自衛隊の高性能２０ミリ機関砲は、１０分間弾丸を発射したそうです。では、１０分間で何発の弾丸を発射し、何円のお金がかかったことになるのでしょう？

（　　　　　　　）万発

（　　　　　　　）万円

＜解答と解説＞

問題１（式） ３０００÷６０＝５０

かけわり図

？	発	３０００	発
１	秒	６０	秒

？＝３０００÷６０
＝ ５０発／秒

問題２（式） ２０００×５０＝１０００００

かけわり図

２０００円		？	円
１	発	５０	発

？＝２０００×５０
＝１０００００円
＝１０万円

問題３（式）１０万×６０＝６００

かけわり図

１０万円		？	万円
１	秒	６０	秒

？＝１０×６０
＝６００万円

問題４（式）３０００×１０＝３００００

かけわり図

３０００発		？	発
１	分	１０	分

？＝３０００×１０
＝３００００発＝３万発

（式）６００×１０＝６０００

かけわり図

６００万円		？	万円
１	分	１０	分

？＝６００×１０
＝６０００万円

１０分間で３万発。

そして、１０分間で６０００万円。

１９９６年、当時の大学卒のサラリーマンの初任給は２０万円くらいでした。

この６０００万円の出費は、初任給２０万円のサラリーマン何人分なのでしょうか？

かけわり図で考えてみましょう。

２０　万円	６０００　万円
１　人	？　　人

？＝６０００÷２０

＝３００　人

１０分間の出費は、何とサラリーマン３００人分の初任給と同じなのです。

防衛にかける金額が、いかに多くかかっているかがよくわかりますね。

ちょっとした新聞記事だったのですが、かけわり図を使って計算していくと、恐ろしい事実に出会うことができることがあります。

No5. 単位量の問題５（算数の範囲）

次の問題は、単位量の単元（小６）の問題です。

ガンマ先生は込み具合の授業をするために、新聞紙を準備しました。新聞紙３枚に５人乗るときと、新聞紙２枚に４人のるときと比べると、どちらが混んでいるでしょうという問題を出しました。

ガンマ先生は、Ｏくんも Ｋくんも、きっと新聞紙１枚あたりに乗る人の数を比べて考えるだろうと思っていました。

しかし、Ｏくんはものすごい考えを発表しました。Ｏくんはどのように考えたのでしょうか？　ガンマ先生の予想した考えは、こんな感じです。

新聞紙１枚あたりに乗る人の数を比べて考えました。

※新聞紙３枚に５人乗るとき、

？　人	５　人
１　枚	３　枚

？＝５÷３≒１.６６　人／枚

※新聞紙２枚に４人乗るとき、

？　人	４　人
１　枚	２　枚

？＝４÷２＝２　人／枚

以上より、新聞紙２枚に、４人乗るときの方が、混んでいることがわかります。

(問い)

さあ、Ｏくんは、新聞紙１枚あたりの人数を出すのではなく、どんな方法を考えたと思いますか？　あなたの考えを書いてみてください。

＜解答と解説＞

Ｏ君の考え：新聞紙を同じ６枚にして乗る人数を比べれば、どちらが混んでいるかがわかります。

新聞紙３枚に５人乗るのですから、新聞紙６枚だと１０人乗れます。新聞紙２枚に４人乗るのですから、新聞紙６枚だと１２人乗れます。比べてみると、新聞紙６枚に１２人乗る方が混んでいることがわかります。したがって、新聞紙２枚に４人乗る方が混んでいることになります。

（余談）

単位量の単元を勉強していたので、きっと２人は１あたり量、この場合は混み具合（密度）で考えるだろうと、勝手に予想してしまっていました。ＯくんとＫくんは、肢体不自由養護学校の村山養護学校の中学部の生徒でした。２人だけのグループで数学を学びました（知的代替の教育課程の生徒です）。

まちがっても恥ずかしくない！！　をスローガンにして数学の授業をしてきました。いつも生徒の予想や考えを発表させて、互いの発表を聞くことで、お互いのよさが認められていく。そして、実験や操作活動をし、計算で予想した結果を確かめていきます。Ｏくんの新聞紙を同じにして比べるという発想はとっても感動しました。

目の前に新聞紙という具体物があり、３枚と２枚で比較しようとわかりにくいので、最小公倍数の６枚にそろえてしまえば、どちらが混んでいるかがわかるというＯくんの発想は、今まで学んできた考え方を使ったものでした。

Ｏくんは、分数の通分のことを思いだしたそうです。分母が３と分母が２のときは、分母を６にそろえるという通分の考え方に基づいて考えたそうです。

Ｋくんは、１枚あたりの人数を計算して比べればよいと予想していました。

なぜ、そのように考えたのでしょうか？　お互いの考えを知りあうことは、その人の素敵さがしでもあるのですね。

２人の生徒が分数の通分の勉強をしていたとき、２人ともガンマ先生のだましにひっかかったことがあります。

次のような問題でした。

「$\frac{1}{2}+\frac{1}{3}=\frac{2}{5}$である」（もちろん、まちがっています）

$\frac{1}{2}$は２つのうちの１だから　●　○　の黒い方

$\frac{1}{3}$は３つのうちの１だから　●　○　○　の黒い方

$\frac{1}{2}+\frac{1}{3}$は●のことなので、５つのうちの２つだから$\frac{2}{5}$になる！！」

２人とも困ってしまいました。なるほどと思ってしまいました。

でも、まちがっていますよね。$\frac{1}{2}$と$\frac{1}{3}$の定義がちがうのです。

１を２等分した１つ分　　１を３等分した１つ分

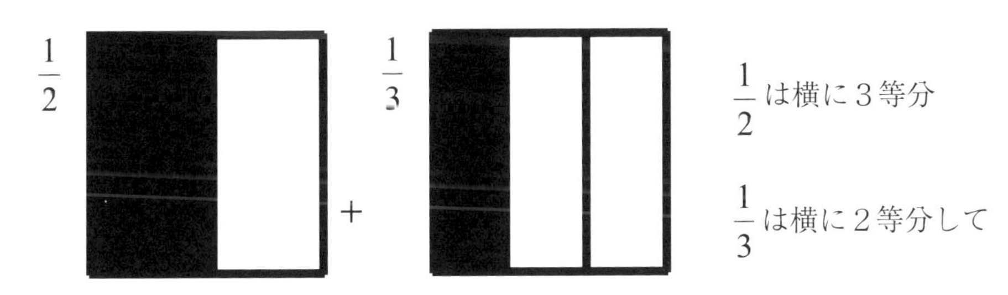

それぞれ６等分すると、同じ大きさの量になるので足せます。

だから$\frac{5}{6}$になるのですね。

No6. 分数の問題１（算数の範囲）

次の問題は、分数の問題です（小６）。

６月２８日は小６の娘の誕生日でした。娘の名前は「幾何」といって、数学が好きになってほしくてつけた名前でした。

しかし、その幾何は大の算数嫌い。「算数なんか、なければいいのに」といつもブツブツ言っています。さて、１２歳の誕生日にケーキを買って帰ることにしました。下高井戸駅近くの「シャンブル」という店で、大きなケーキを２個買って、急いで家までバイクを走らせました。

さっそく夜、ケーキをみんなで食べることにしました。

「ハッ！」とあせりました。２個のケーキを家族５人でわけるには、どのように切ればいいのだろう？　そのとき、幾何がナイフを手にして、それぞれのケーキを３等分しはじめました。ケーキは、全部で６個に分けられてしまいました。

すると、次に幾何は３等分した１個を取り出し、その１個のケーキを５等分しはじめました。幾何が言いました。

「３等分した１つ分と、５等分した１つ分を合わせたのが、一人の食べる分！」

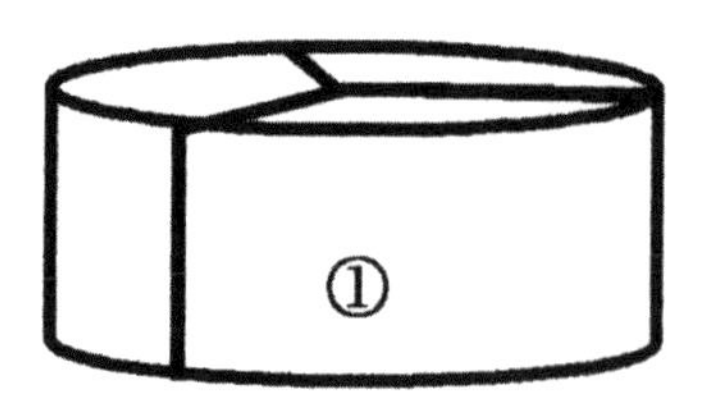

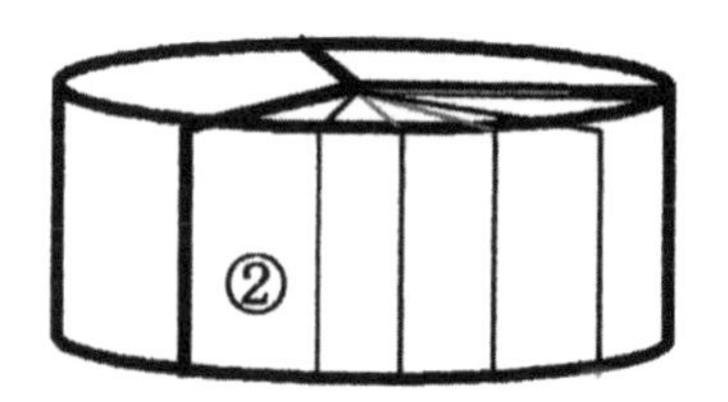

ガンマ先生はびっくりしました。２個のケーキを５等分するだから、単純に計算すると、

２÷５＝ $\frac{2}{5}$ これが、一人が食べるケーキの量であるはずです。

幾何が言った「３等分した１つ分と、５等分した１つ分を合わせたのが、みんなの食べる分！」

幾何のやった手順を、分数で考えてみることにしました。

まず、１個のケーキを３等分したのだから、１つ分は（①）とかけるはずです。

その１つ分（①）を５等分したのだから、もらえる１つ分は（②）になるはずです。

①＋②が一人のもらえるケーキなので（①）＋（②）これが、$\frac{2}{5}$ と同じでしょうか？

(問い)

①＋②を計算して、本当に $\frac{2}{5}$ になるか確かめてみてください。

（　　　　）＋（　　　　）＝ ＝ ＝

＜解答と解説＞

①＝$\frac{1}{3}$　②＝$\frac{1}{15}$

$$①+②=\frac{1}{3}+\frac{1}{15}=\frac{5}{15}+\frac{1}{15}=\frac{6}{15}=\frac{2}{5}$$

（余談）

分数の授業をしていると、生徒が分数の定義をしっかり把握していないことに気づきました。

$\frac{2}{5}$は、２つの意味があるよと言って、授業をしてみました。

「２mのひもを５本にわけます。１本は何mですか？」

生徒は、かけわり図をかきました。

?	m	2	m
1	本	5	本

？　＝　２÷５

$=\frac{2}{5}$ m／本となるので、答えは$\frac{2}{5}$ m

「１mのひもを、５本にわけたうちの、２本分は何mですか？」

生徒は、また、かけわり図をかき、まず５本にわけた、１本分の長さを計算しはじめました。

?	m	1	m
1	本	5	本

？　＝　１　÷　５

$=\frac{1}{5}$ m／本

1つ分が$\frac{1}{5}$m、求めたいのは2つ分の長さなので

$\frac{1}{5}$m	?　m
1本	2本

$$? = \frac{1}{5} \times 2$$

$$= \frac{2}{5}$$ となるので、答えは$\frac{2}{5}$m

以上のことを、タイルで説明しました。

1のタイルを5等分したうちの2つ分

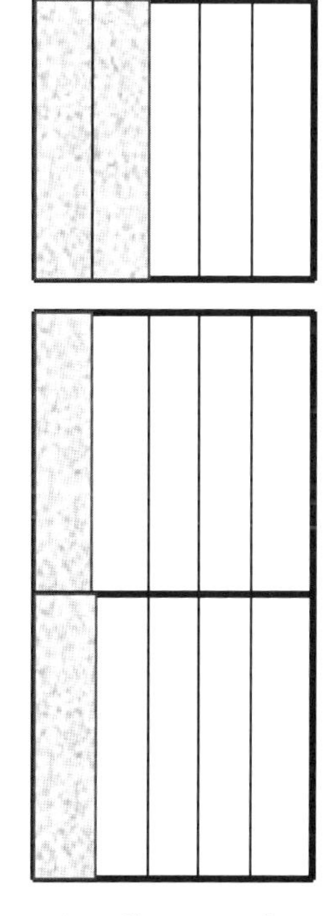

2のタイルを5等分したうちの1つ分
は、同じ大きさになります。

No7. 分数の問題２（算数の範囲）

次の問題も分数の問題です（小６)。

分数÷分数の計算はどうやって教えればいいのかと悩んでいました。

杉並ろう学校にきてから３年目。分数÷分数を教えるのは２回目でした。

まず、分数÷分数になる問題を考えることにしました。それは、すぐにひらめきました。

「$\frac{10}{3}$ ㎡の畑に$\frac{9}{4}$ ℓの水をまきました。１㎡あたり、何ℓの水をまいたことになるでしょう？」

まず、かけわり図をかいてみました。

?　ℓ	$\frac{9}{4}$ ℓ
1　㎡	$\frac{10}{3}$ ㎡

?　$= \frac{9}{4}$ ℓ ÷ $\frac{10}{3}$ ㎡

「ハッ！」とひらめきました。$\frac{10}{3}$ ㎡を１畑という単位で考えてみたらどうなるでしょうか？

$\frac{10}{3}$ ㎡をタイルで表してみると、

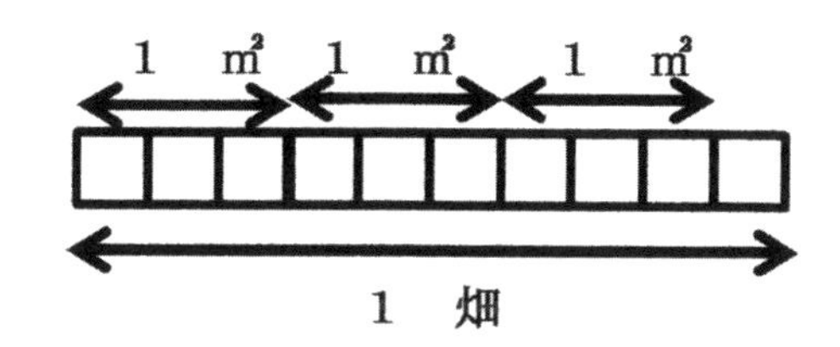

　すると、1㎡は1畑を10等分したうちの3つ分なので、(———)畑になります。

　そうすると、さっき書いたかけわり図の？の意味はこうなるはずです。

『1畑に、水を（$\frac{9}{4}$）　ℓまきます。では、(———)　畑では、何ℓの水をまくことになるでしょうか？』

(　　　)　ℓ	？　　　　ℓ
1　畑	(　　　)　畑

？　＝　(　　　)ℓ／畑×　(　　　)畑

どちらの？も同じなので、

$\frac{9}{4}$ ℓ／㎡　÷ $\frac{10}{3}$ ㎡　＝ (　　　)ℓ／畑　×　(　　　)畑

　になるんだ！！
　この方法なら、分数÷分数の意味がわかるような気がしてきました。

＜解答と解説＞

『1畑に、水を $\left(\frac{9}{4}\right)$ ℓまきます。では、$\left(\frac{3}{10}\right)$ 畑では、何ℓの水をまくことになるでしょうか？』

$\left(\frac{9}{4}\right)$ ℓ	？ ℓ
1 畑	$\left(\frac{3}{10}\right)$ 畑

？ ＝ $\left(\frac{9}{4}\right)$ ℓ／畑× $\left(\frac{3}{10}\right)$ 畑

どちらの？も同じなので、

$\frac{9}{4}$ ℓ／㎡÷$\frac{10}{3}$㎡＝ $\left(\frac{9}{4}\right)$ ℓ／畑× $\left(\frac{3}{10}\right)$ 畑になるんだ！！

(余談)

分数÷分数で、なぜひっくり返してかけ算にしていいのでしょうか？中学の数学の教員だったので、真剣に考えることをしてこなかった「つけ」が出た瞬間でした。中学では、分数÷分数を原始的な方法で計算してみようという授業をしていました。

$$\frac{9}{4}\ ℓ／㎡ \div \frac{10}{3}㎡$$

$$= \frac{\frac{9}{4}}{\frac{10}{3}}$$ 分数分の分数なので、じゃまな、4と3を

けしたい、「分母、分子に、12をかけてみよう」

$$= \frac{\frac{9}{4} \times 12}{\frac{10}{3} \times 12}$$

$$= \frac{9 \times 3}{10 \times 4}$$

$$= \frac{27}{40}$$ と計算するのが、原始的な計算方法です。

この方法だとめんどくさいので、あることを発見しました。

（発見）

「１０×４＝４×１０なので、いれ替えてみよう」

$$= \frac{9 \times 3}{4 \times 10}$$

「分数を、２つにわけてみよう」

$$= \frac{9}{4} \times \frac{3}{10}$$

以上の結果から、

$$\frac{9}{4} \div \frac{10}{3} = \frac{9}{4} \times \frac{3}{10}$$

と、計算していいことがわかります。

でも、生徒はしっくり納得してくれません。何かすっきりしないようでした。

そこで考えたのが、かけわり図を使って単位をかえる方法でした。

かけわり図の構造がわかっている生徒だったので、すっきり納得できていました。

（余談）

　分数÷分数をタイルで説明するとどうなるのだろうと、考えたことがあります。

『$\frac{10}{3}$ ㎡の畑に $\frac{9}{4}$ ℓ の水をまきました。１㎡あたり何 ℓ の水をまいたことになるでしょう？』

? ℓ	$\frac{9}{4}$ ℓ
1 ㎡	$\frac{10}{3}$ ㎡

$$? = \frac{9}{4}\ \ell / \text{㎡} \div \frac{10}{3}\ \text{㎡}$$

この水の量が、求める量です。

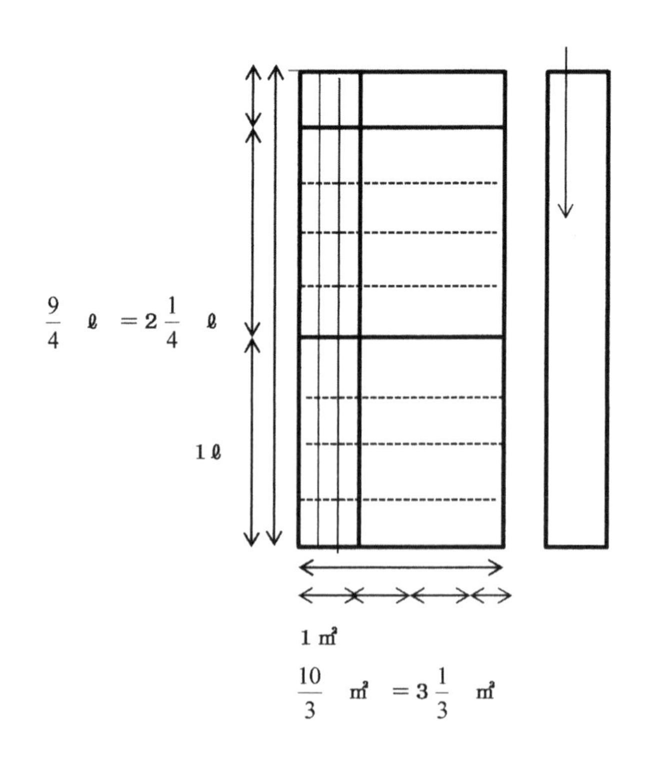

まず、小さい長方形が何ℓか考えてみましょう。
１ℓを４×１０等分したうちの１つ分なので、

$$\frac{1}{4 \times 10}\ \ell$$

この小さな長方形が１m^2の上にいくつあるか考えてみましょう。

９×３個あります。

すると、求める水の量は、

$$\frac{1}{4 \times 10} \times (9 \times 3)$$
$$= \frac{9 \times 3}{4 \times 10}$$
$$= \frac{9}{4} \times \frac{3}{10}$$

となり、ひっくりかえしてかけ算の形になってしまいます。
以上より、

$$\frac{9}{4} \div \frac{10}{3} = \frac{9}{4} \times \frac{3}{10}$$

と、計算してよいことになります。

No8. 図形の問題（算数の範囲）

ガンマ先生は、ＪＲ立川駅から吉祥寺駅、それから井の頭線に乗って、永福町に通っていました。

どうもじっとしていなくてはならない電車は苦手でした。そこでいつも１冊の本を読むことにしていました。「古升」と「京升」の話の本でした。

我が国の歴史では、大化の改新（６４５年）以来、「租庸調」の制度で、税をもうけていますが、当時から米、麦などの計量には、「升」があったそうです。

いくたの変遷があった末いわゆる「古升」と称される下の図Ａの升が、その計量器です。

ところが、豊臣秀吉が天下を統一した後、古升を「京升」（下の図Ｂ）というものに変えさせたそうです。

古升の内側は、縦、横、５寸、深さ２．５寸であるのに対して、京升の内側は、縦、横それぞれ、０．１寸ずつ縮め、その分だけ深さを０．２寸多くして、得も損もないようにしたそうです。

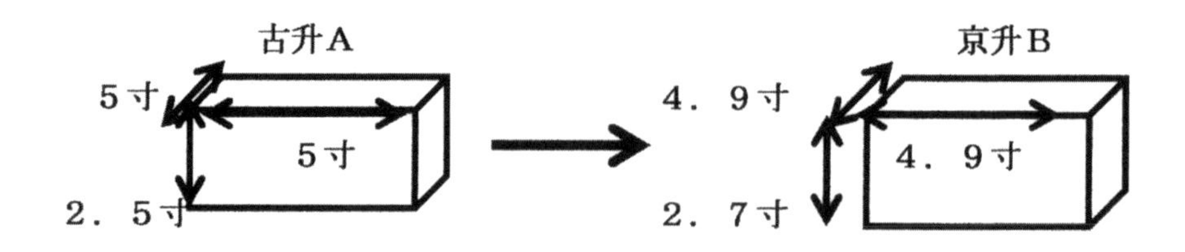

○得も損のない

「何か変だ？」と感じました。

縦、横それぞれ０．１寸ずつ縮め、その分だけ深さを０．２寸多くすれば、同じなのでしょうか？　もしかしたら、秀吉は、うまく農民たちをだますために京升を作ったのでは……。

「そうだ！　体積を比べてもみよう」 さっそく計算してみました。

古升

（　　　）×（　　　）×（　　　　）＝（　　　　　　　　　）立法寸

京升

（　　　）×（　　　）×（　　　　）＝（　　　　　　　　　）立法寸

(小数第２位を四捨五入)

京升―古升＝（　　　　　　　　）－（　　　　　　　　）

　　　　　＝（　　　　　　　　　　）立法寸

何と、秀吉は、升一杯につき、(　　　　　　　　　）立法寸だけ多くとっていたことがわかりました。

とそのとき、永福町の駅に電車が到着しました。

＜解答と解説＞

古升＝（5）×（5）×（2．5）＝（6 2．5）立法寸

京升＝（4．9）×（4．9）×（2．7）＝（6 4．8）立法寸
（小数第2位を四捨五入）

京升—古升＝（6 4．8）－（6 2．5）＝（2．3）立法寸

何と、秀吉は、升一杯につき、（2．3）立法寸だけ多くとっていたことがわかりました。

（余談1）

直方体の体積を求めるだけの問題でした。一見、同じ体積のように感じますが、実際に計算してみると異なることがわかります。

実際、教室に升を持っていって説明しました。

升の話をしていると、生徒が昔の人はその升でどうやって量を計っていたのかと質問してきました。

そこで、授業を脱線して升の問題を考えることにしました。今、ここに6合升があります。この升にお酒を満杯にいれます。すると酒屋さんは、お客さんの希望通り、1合、2合、3合、4合、5合のお酒を計ることができていました。

さて、酒屋さんはどうやって1合、2合、3合、4合、5合を計っていたのでしょうか？

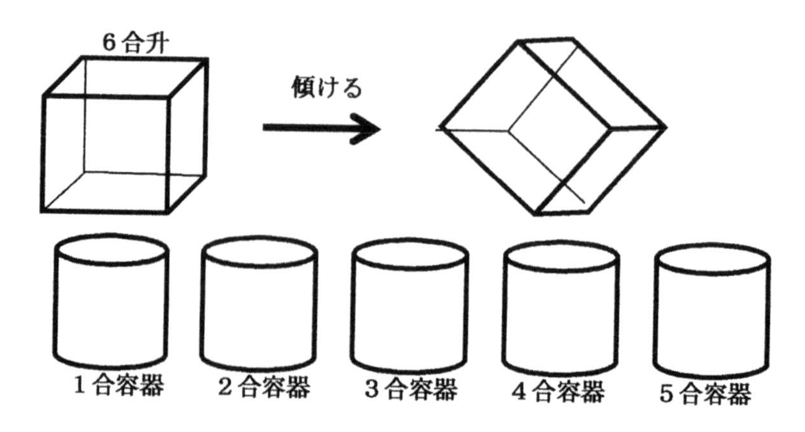

（1回目）　お酒の樽から6合升を満杯にします。
①5合の容器にお酒をいれていきます。升のお酒が底面の対角線まできたら止める。これで5合のお酒が完成（頂点から注いでいきます）。
②次に、残った1合のお酒を1合の容器にいれます。
これで1合のお酒が完成。
（2回目）　再び、6合升を満杯にします。
③3合の容器にお酒をいれていきます。升のお酒が底面の1辺に重なるまできたら止める。これで3合のお酒が完成（辺から注いでいきます）。
④次に、2合の容器にお酒をいれていきます。升のお酒が底面の対角線まできたら止めます（頂点から注いでいきます）。
これで2合のお酒が完成（3合―2合＝1合が残る）。
⑤残った1合のお酒を4合の容器にいれる（1合はいっている）。
（3回目）再び、6合升を満杯にします。
⑥4合の容器にお酒をいれていきます。升のお酒が底面の1辺に重なるまできたら止める。これで4合のお酒が完成（1合＋3合＝4合）（辺から注いでいきます）。
（余談2）
『ダイハード3』という映画で、おもしろい場面がありました。
ニューヨークの5番街。朝の買物客で賑わうデパートが突然、爆破された。サイモンと名乗る爆弾テロリストが､爆破場所を地下鉄､小学校と次々に指定し、大都市ニューヨークを巻き込んだ爆破計画を開始する。その予告爆破を阻止すべく、マクレーン刑事は立ち上がりました。
そしてサイモンは、マクレーンに次のような指示を出します。「公園の噴水のところまで走れ！」ひたすらマクレーンは走り､噴水まできました。そこには爆弾と思われる鞄が置いてありました。
「今、3ガロンと5ガロンの容器がある。この2つの容器を使って4ガロンの水を作り､カバンの上に乗せろ。4ガロンであれば爆破はしない」「1分以内にできなければ爆発する」マクレーンは、噴水の水を何回かいれたりして、4ガロンの作り方を考えました。

ぎりぎりのところで４ガロンの容器ができ、爆破はさけることができました。

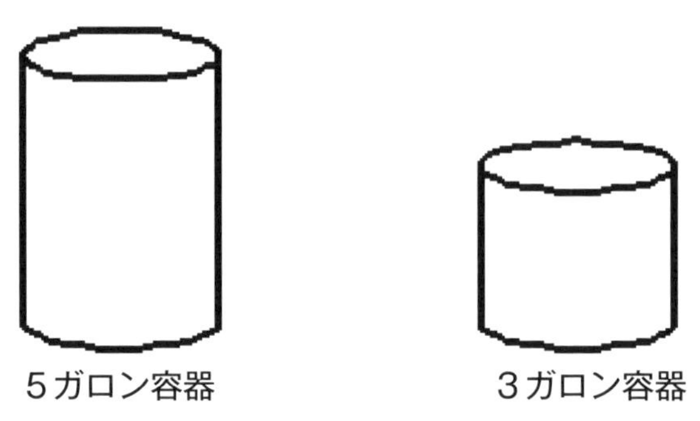

※マクレーンの考えた方法※

(1 回目) ５ガロン容器を満杯にする。

(2 回目) ３ガロン容器に今の５ガロンの水を満杯にいれる（５ガロン容器に２ガロン残る)。

(3 回目) ３ガロン容器の満杯の水を捨てる。

(4 回目) ５ガロン容器の２ガロンの水を３ガロン容器に移す。

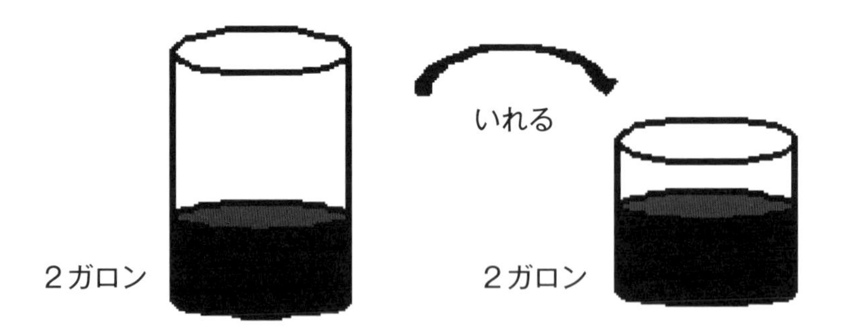

(5 回目) ５ガロン容器を満杯にして２ガロンはいっている３ガロン容器が満杯になるまで移す。

(6 回目) ３ガロン容器には１ガロンしかいれられないので、５ガロン容器に残った水が求める４ガロンの水になる。

No9. 正負の数の問題（中１の範囲）

中１の正負の数の単元は、中学数学の入り口です。

ガンマ先生は必ず「トランプ」で「ゲーム」をすることからはじめています。

トランプには赤と黒があります。赤を「プラス」で「得するカード」、黒は「マイナス」で「損するカード」と定義すると、自分が今「得」しているのか「損」しているのかを考えさせるようにしています。

そこで「赤と黒のゲーム」を開催しました。

ルールはババ抜きと同じ。使うカードは６人班なら１～９までの３６枚。５人班なら１～８までの３２枚。４人班なら１～６までの２４枚です。

こうしておけば一人が６枚を一度に手にすることができます。

ゲームを進めていくと、自分のカードが全部「赤」になり、１番になれるかもしれないと思った瞬間に「ストップ」をかけます。

各自、自分のカードの合計を計算し、班長に報告します。

自分の得点を計算するときに、(＋３）と（－３）のカードを自然に「キャンセル」（０になること）して取り除く生徒がほとんどです。赤が多ければ得でプラスだし、黒が多ければ損でマイナスです。

しかも合計を出していますが、実は「ひき算」で計算していることが自然と身につけることができます。

ゲームで、隣からカードをもってくる操作を「＋」（たす）隣に、カードをとられる操作を「－」（ひく）と反対性質を表すことにすると、－５をひくことが＋５をたすことと同じであることがすぐに理解できます。

今、自分が持っているカードが、下のように、４枚だったとします。

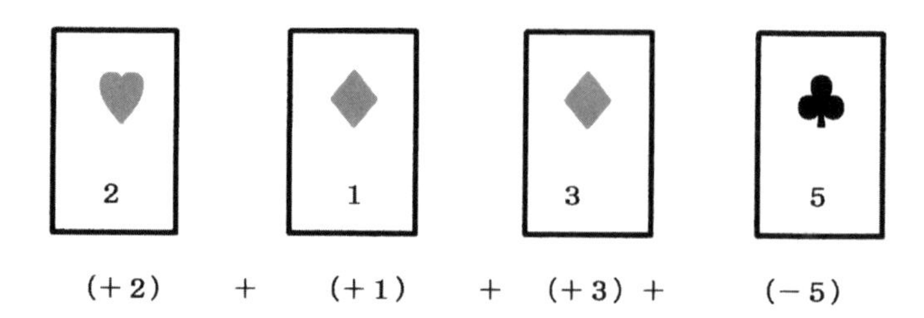

＝＋１ 点

今、上記のカードのとき、次のような場面を、考えてみてください。
※隣の人が、（－５）のカードをひいてくれました。
（式）（＋１）－（－５）＝＋６

※隣の人から、（＋５）のカードを持ってきました。
（式）（＋１）＋（＋５）＝＋６

（問い）
「－５をひくことは、＋５をたすことと同じである」ことを上記のカードを使用して、自分の言葉で説明してみてください。

＜解答と解説＞

（－５）をとられることは、自分は、５点得したことになる。ということは、（＋５）をもってくることと同じなので、（＋１）－（－５）＝（＋１）＋（＋５）となります。

正負の数は、反対の性質を表すということが、大前提になっています。

上を＋なら下は－（海抜などが、この表現です）です。

生活のなかで、正負の数で表現している場面を考えさせています。いろいろ出てきて楽しいです。すると、どこを基準にして考えているかが、よくわかってきます。

毎日の天気予報では、（＋２℃）とか（－２℃）で表現されています。これは、前日と比較して2℃高くなるのか、2℃低くなるのかを、表現しているわけです。

一方、＋、－には　反対の動作を表現する場合もあります。

トランプゲームでいえば、隣から持ってくる動作を＋、隣からとられる動作を－、スイッチなどでは、右に回す動作を＋、左に回す動作を－、こうした正負の数の表現方法を、トランプゲームを、単元の最初にしていくと、自然と生徒は正負の数の意味と、計算の意味を理解することができ、中学の数学に対しての苦手意識をなくすことが、できるようになっていきます。

つまり、ゲームをしながら、生徒は正負の数の加法の計算方法を身に着けたことになります。

（１）まず、キャンセルをさがす

（２）＋は＋、－は－でまとめる

（３）加法の計算だけど、合計は、ひき算で求め、得なら＋、損ならーで答える

次に、トランプを、みんなくっつけて、加法の計算を考えていきます。

つまり、（＋２）＋（＋１）＋（＋３）＋（－４）＋（－６）という計算なら、＋２＋１＋３－４－６という代数和の計算です。

代数和の＋のところに／線をいれて計算すれば、（　　）のついた計算

と同じです。

＋２／＋１／＋３／－４／－６

トランプが離れていれば、（　　）のついた計算になり、トランプをみんなくっつけていれば（　　）のとれた計算になるというしくみが、理解できるということです。

こうして、正負の計算の加法・減法を理解していくのですが、乗法の計算の法則もゲームで考えていきます。

今度は、２枚のカードを、とったり、とられたりするゲームです。
ここで、正負の数の反対の性質がまた出てきます。
※隣から２枚のカードを、持ってくることを、＋２枚
※隣に、２枚のカードを、取られることを、－２枚
今、＋５　のカードを２枚　持ってきました。得しますので、
（＋５）×（＋２）＝＋１０
今、－５　のカードを２枚　持ってきました。損しますので、
（－５）×（＋２）＝－１０
今、＋５　のカードを２枚　持っていかれました。損しますので、
（＋５）×（－２）＝－１０
今、—５　のカードを２枚　持っていかれました。得しますので、
（—５）×（－２）＝＋１０
こんなゲームをしていけば、
＋×＋＝＋　－×—＝＋　＋×—＝－　－×＋＝－　になるしくみを理解していくわけです。

No10. 文字式の問題（中１の範囲）

多摩川の上流、羽村町に人が住み着いたのは、はるか原始時代のことでした。おそらく、数千年の昔のことです。人々はあちらの谷あい、こちらの森かげにと、一定の集団をなして居住していました。

当時の人々は浅く地面を掘り、周囲から柱を中心に向かって立てて結びあわせた住居を作り、衣服はけものの皮か、そまつな織物を作って着て、きじ、山鳥、魚などを捕って食料としていました。

先日、地下を掘りさげていると、数メートルのところで土器を見つけました。そのかけらの一部に、下に記したようななぞの文字のようなものが書いてありました。

ガンマ先生は、考えに考え、横棒１本の━は、今の数字で１であることを発見しました。以下、それぞれ原始数字を今の数字との関係を次のように知っていきました。

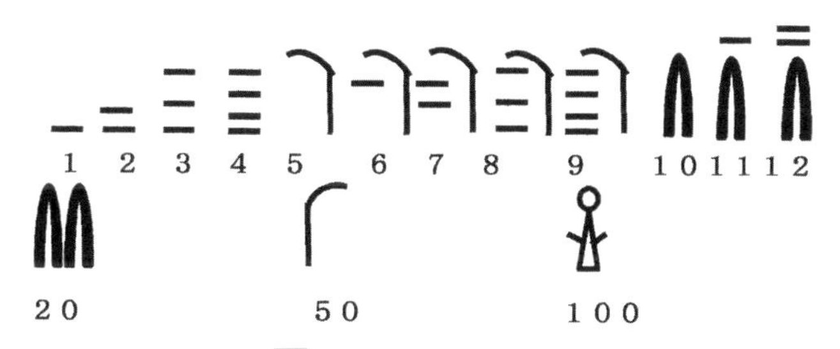

なお、○はたし算の記号❯はイコールでした。

（問い）

かけていた土器の❯より右に何がかいてあったと思えますか？　原始数字で書いてみてください。

＜解答と解説＞

２７３+５４=３２７なので、

人類はエジプト数字、ローマ数字など様々な数を表す方法を見つけてきました。しかし、いざ計算する場合、多様な文字が必要になり煩雑でした。

しかし、インド人が０を発見し、位取り記数法が確立してから数学は飛躍的に発展することになりました。

たとえば、３６５という数を表す場合、

古代エジプト文字では	ローマ数字では	漢数字では
	ＣＣＣ　ＬＸ　Ｖ	三百　六十　五
300　60　5	３００　６０　５	

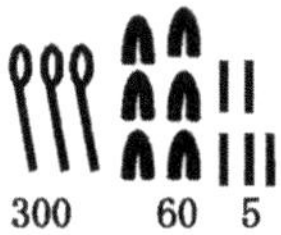

位取記数法ではないので、空位を表す０がないので計算が大変だったわけです。

１００の位	１０の位	１の位	
３	０	５	とかけば、

３０５を意味しているわけで、０〜９までの１０個の数字があれば、すべての数を表現できるようになったわけです。

位取り記数法があると、文字の世界で表現する方法が随分拡大していきました。

１００の位がｘ、１０の位がｙ、１の位がｚという３けたの数は、１００ｘ＋１０ｙ＋ｚと表現することができるわけです。

１００の位がｘ、１０の位は０、１の位がｙという３けたの数は１００ｘ＋ｙと表現することができます。

こうした文字を使用することで、計算の理屈を証明することもできるようになりました。

2014年上映『舞子はレデイー』のなかで、芸妓の鶴一が主人公の千春にこんな話をしていました。
「すきな数字、思い浮かべとおみ」
春子の微妙な挨拶には頓着せず、鶴一は突然、いたずらっこのような表情で春子の顔を覗き込みました。
「え？」、「好きな数字、思い浮かべたらええ」、「はい、あ、へえ」、
「思った数字に１足して、それに２かけて、４足して、２でわって、最初に思った数字、引いとおみ」
春子は一つ一つ頷きながら計算していく。
「３になったやろ」、「え？なんで？」
春子が驚きで相好をくずすと、
「でしょう？」とばかりに、鶴一はニッコリ微笑みました。

文字を使って証明してみましょう。
思い浮かべた数を x とします。

$$\left\{(x+1)\times 2+4\right\}\div 2-x$$

という計算をしなさいと、鶴一さんは言ったわけです。

それでは計算していきましょう。
$(2x+2+4)\div 2-x=(2x+6)\div 2-x=x+3-x=3$
これで３になる証明になるわけですね。

（余談１）

中１の数学の入り口の正負の数は、トランプを使用して授業をしていますので、ほとんどの生徒は正負の数の計算の理屈は理解してくれます。

しかし、その次の文字式の単元にはいると、生徒は数学の世界が広がることに関して少し苦労していきます。

今までは数の世界だけであったのに、なんで文字を使用して表現しなければならないのでしょうか？　その必然性にとまどうわけです。

ですから、文字に対する恐怖感を取り除くために、導入教材を工夫しました。箱のなかにはどんな数がはいるか考える授業からはじめました。

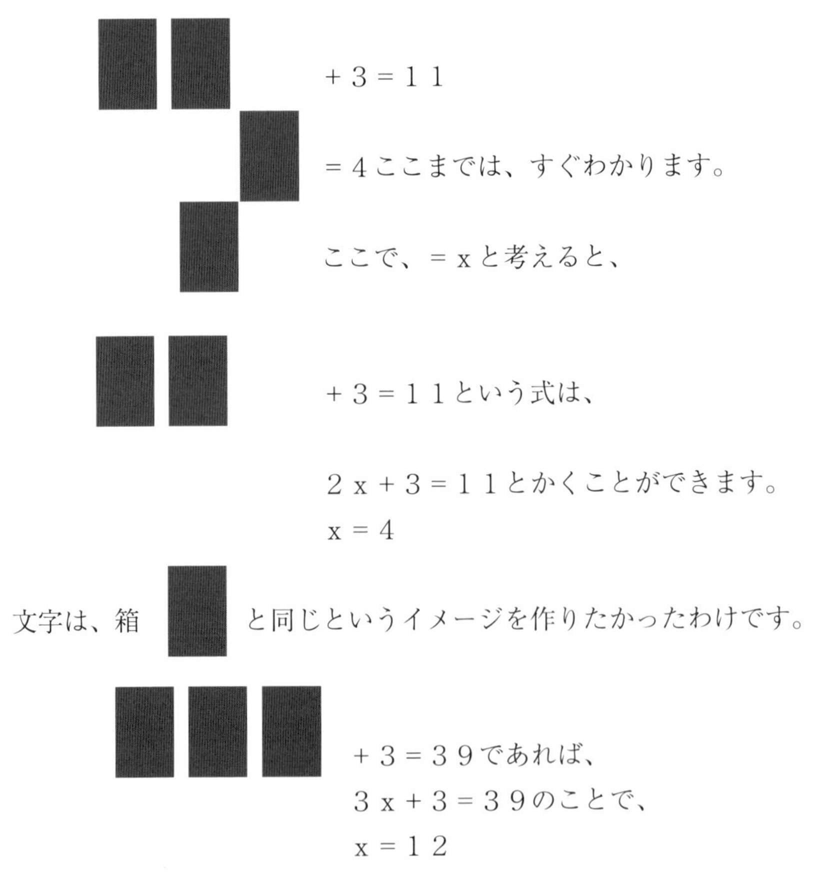

$+3=11$

$=4$ ここまでは、すぐわかります。

ここで、$=x$ と考えると、

$+3=11$ という式は、

$2x+3=11$ とかくことができます。

$x=4$

文字は、箱　と同じというイメージを作りたかったわけです。

$+3=39$ であれば、

$3x+3=39$ のことで、

$x=12$

このイメージができていると、文字式の代入計算する時に効果が出てきます。文字＝箱を数学の世界の言葉になおすと、文字は（　　）のかわりということになっていきます。

長方形の面積は、たて×よこで求めることができます。

たて	×	よこ	=	面積
４ｃｍ	×	５ｃｍ	=	２０ｃｍ^2
６ｃｍ	×	３ｃｍ	=	１８ｃｍ^2
（　　）	×	（　　）	=	（　　）
a	×	b	=	S

フロッピーケース（今の時代ではもうない）を文字の箱かわりとして、利用します。

面積の公式　S＝[a]×[b]ケースのなかに、ａとｂをいれます。

ａ＝５、ｂ＝７ならば、ａのケースに５、ｂのケースに７をいれると、（　　）が出てきて、

S＝[（５）]×[（７）]

こうして、目で見える形にすれば、文字は（　　）のかわりということがしっかりイメージされていくことになります。

箱の数学で導入し、箱からフロッピーケースに移行し、文字は（　　）のかわりが定着です。

（余談２）

文字式の計算には世界共通のルールがあります。

このルールを学ぶとき、ルールだから覚えましょうという授業は楽しくないので、どうしてそんなルールを作ったのだろうと考えながら、学ぶ方法はないかと考えたのが次のページの方法です。

ここで威力を発揮するのが、いつもの「かけわり図」です。

（１）　１本60円の鉛筆ａ本の代金はいくらですか？

６０　円	？　　円
１　本	ａ　　本

？＝６０×ａ　円

ルール１　×は省略します

＝　６０ａ　円

（２）　１ｍａ円のリボン４ｍの代金はいくらですか？

ａ　円	？　　円
１　ｍ	４　　ｍ

？＝ａ×４　円

ルール２　数字は文字の前にかきます

＝４ａ　円

（３）　１ｍａ円のリボン１ｍの代金はいくらですか？

ａ　円	？　　円
１　ｍ	１　　ｍ

？＝　ａ　×　１　円

ルール３　１は省略して書きます

＝ａ　円

（４）　１辺の長さがａｃｍの立方体の体積はいくらですか？

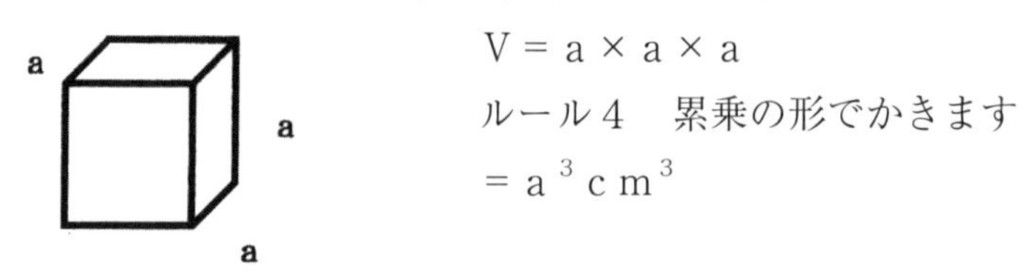

Ｖ＝ａ×ａ×ａ

ルール４　累乗の形でかきます

$= a^3\ cm^3$

（５）たてがｂｃｍ、よこがｃｃｍ、高さがａｃｍの直方体の体積はいくらですか？

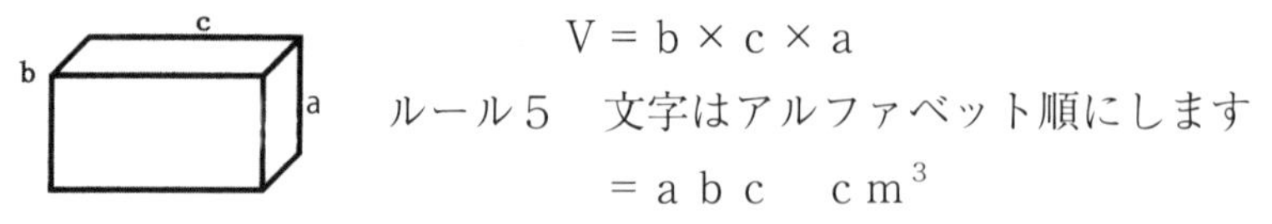

Ｖ＝ｂ×ｃ×ａ

ルール５　文字はアルファベット順にします

$= abc\ \ cm^3$

（６）　半径がｒｃｍの円周はいくらですか？

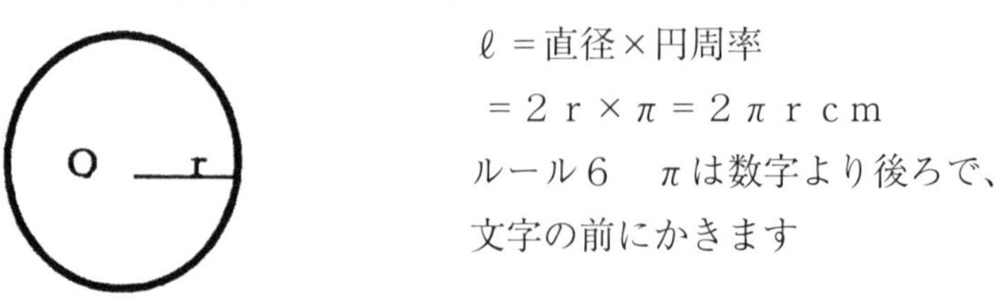

ℓ ＝直径×円周率

$= 2r \times \pi = 2\pi r$ ｃｍ

ルール６　π は数字より後ろで、文字の前にかきます

No11. 方程式の問題（中１の範囲）

ある日曜日、ガンマ先生はいつものように、午前中は野球の試合に行きました。

午後はのんびり本でも読もうと思い、本棚から『リーラーパーティー』という本を出して読みはじめました。そこには美しい詩がかいてありました。

＜蜂の群れ＞
蜂の群れの
５分の１は、カタンバの花へ
３分の１は、シリードラの花へ
それらの差の３倍の蜂どもは
キョウチクトウの花へ飛びぬ。
残されし、１匹の蜂は
ケータキーのかおりと
ジャスミンのかおりにまどいて
ふたりの美しき乙女に
声かけられしおのこのごとく
虚空に迷いてありぬ。
蜂の群れは、いかほどか？

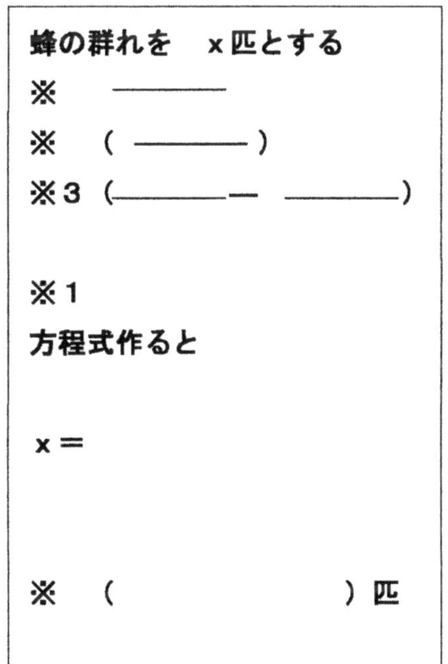

これを読んだガンマ先生は、「ハッ！」としました。この詩は方程式です。１１１３年に書かれた本に、何と方程式の問題が詩になっていました。ガンマ先生は、すぐに蜂の群れをx匹として方程式を作って解いてみました。さあ、君もやってみましょう。

＜解答と解説＞

$x = \frac{x}{5} + \frac{x}{3} + 3\left(\frac{x}{3} - \frac{x}{5}\right) + 1$ という方程式になります。

両辺を15倍すると、

$$15x = 3x + 5x + 45\left(\frac{x}{3} - \frac{x}{5}\right) + 15$$

$$15x = 3x + 5x + 15x - 9x + 15$$

$$15x = 14x + 15$$

$$15x - 14x = 15$$

$$x = 15 \quad \text{(匹)}$$

小学生のとき、文章問題を解くのが苦手でした。さまざまな問題で解き方がちがっていて、そのちがいになじめない自分がいました。

中学１年のとき、方程式の単元にはいり文章問題に出会いました。

求めるものをｘとおけば、方程式さえ作ってしまえば、あとはひたすら計算するだけ。そして答えが出てくるという体験は、自分の数学の世界を広げてくれることになりました。文章問題に対する抵抗感がなくなっていき、数学が好きになるきっかけを作ってくれた単元でもありました。

教師になり、文章問題をとく「７つの手順」として整理して、授業しました。

（７つの手順）

１．問題をよく読む。

２．わかっているものには、〜〜〜線。求めるものには。———をひき求めるものをｘとおく。

３．わかっていることをもとにして図をかく。

４．図から方程式を考える。

５．方程式を作る。

６．方程式を解く

７．問題にあうように答えを書く。

そして、文章問題の提示の仕方を工夫していきました。

（1）　ａｘ＝ｂ　の型の文章問題

（2）　ａｘ＋ｂｘ＝ｃ　の型の文章問題

（3）　$\frac{x}{a}+\frac{x}{b}=c$　の型の文章問題

（4）　ａｘ＋ｂ＝ｃ　の型の文章問題

（5）　その他の問題　（食塩水の混合問題、母と子の年齢問題、整数の問題など）

以上のように、型分けした文章の問題を解くことによって、文章問題に対する抵抗感を少なくすることができました。

そして、単元の最後に生徒に文章問題を作成してもらい、生徒の自作作品として紹介し、みんなで文章問題を解きあいました。

正負の数の単元でも生徒に文章問題を作ってもらい、互いに解きあっていましたので、方程式の単元でも楽しく解きあうことができました。

（余談）正負の数は「トランプ」で、得か損かを考える授業。

文字式は「箱」で、文字は（　　）のかわりをおさえる授業。

さて、方程式は、何をイメージして導入するか悩みました。そこで、考えたのが方程式は「てんびん」で授業しようということでした。導入教材として、天秤を作成し天秤のつりあいから、方程式を解く手順を考えさせていこうという発想でした。

「Ｂｉｋｅｎてんびん」と名付けて、昭和５１年から授業にかけてきました。

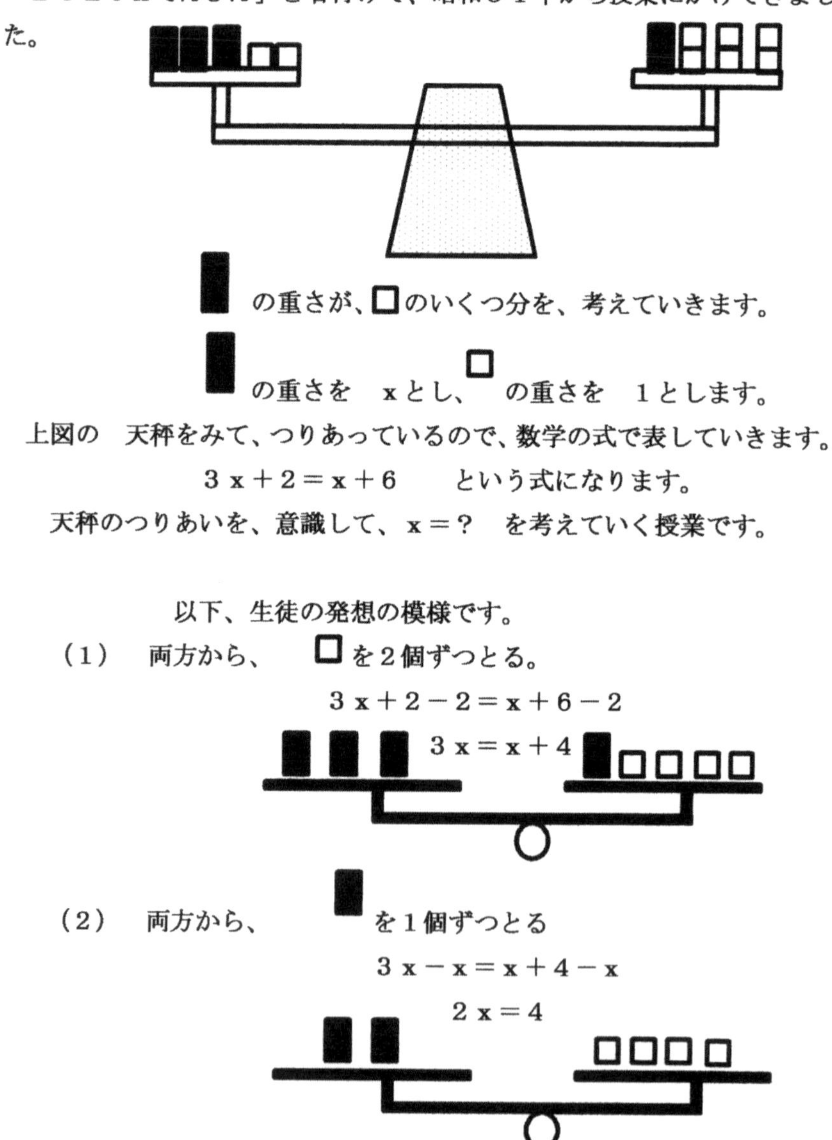

の重さが、□のいくつ分を、考えていきます。

の重さを　ｘとし、　の重さを　１とします。

上図の　天秤をみて、つりあっているので、数学の式で表していきます。

３ｘ＋２＝ｘ＋６　　という式になります。

天秤のつりあいを、意識して、ｘ＝？　を考えていく授業です。

以下、生徒の発想の模様です。

（１）　両方から、　□を２個ずつとる。

３ｘ＋２－２＝ｘ＋６－２

３ｘ＝ｘ＋４

（２）　両方から、　　を１個ずつとる

３ｘ－ｘ＝ｘ＋４－ｘ

２ｘ＝４

（３）　両方の皿を、２等分する

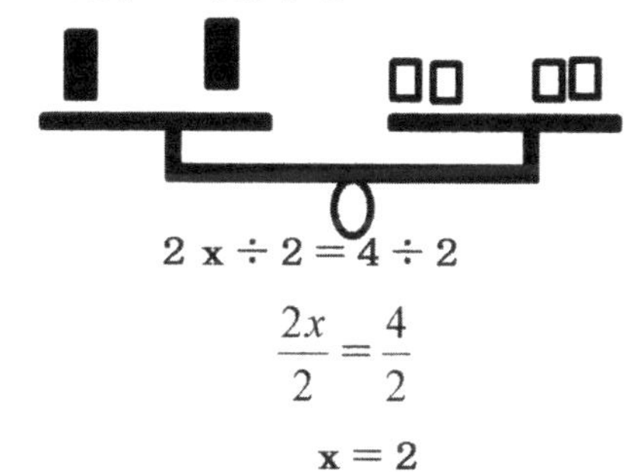

$$2x \div 2 = 4 \div 2$$

$$\frac{2x}{2} = \frac{4}{2}$$

$$x = 2$$

（１）～（３）の手順で、いきなり生徒は、天秤を使用して方程式を解いたことになります。天秤の操作から、等式の性質を、自然に学んでいることになります。　そこで、キーワードを考えました。

（１）は「とります」　（２）は「とります」　（３）は「分けます」の３拍子にしました。方程式は、「とります」「とります」「わけます」の３拍子で、解くことにしました。

そして、天秤を使用して、いろいろな方程式を解くことにしました。

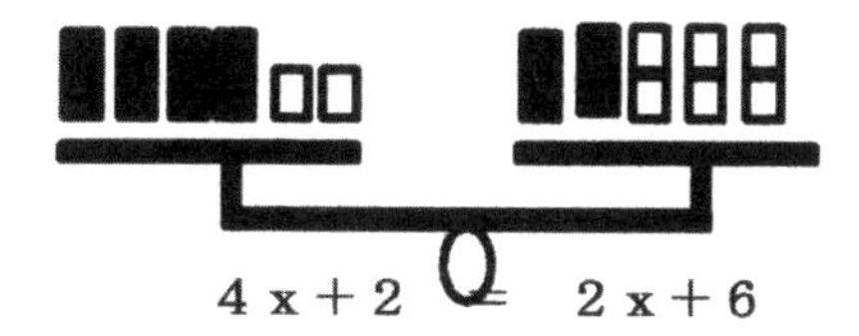

$$4x + 2 = 2x + 6$$

（１）とります　$4x + 2 - 2 = 2x + 6 - 2$

$$4x = 2x + 4$$

（２）とります　$4x - 2x = 2x + 4 - 2x$

$$2x = 4$$

（３）わけます　$2x \div 2 = 4 \div 2$

$$\frac{2x}{2} = \frac{4}{2}$$

$$x = 2$$

こうした天秤を操作して実際に方程式を解いていくと、天秤から離れて式だけにしても、生徒は３拍子で解いていけるようになります。

例えば、こんな方程式です。

① $5x+12=2x+27$　　② $10x+3=4x+27$

③ $10x+9=7x+15$　　④ $13x+7=5x+11$

⑤ $6x+3=4x+7$　　⑥ $5x+7=3x+8$

すべてが、「とります」「とります」「分けます」の３拍子で解けませんので、次のような、方程式の解き方を考えさせます。

$$7x-5=4x+7$$

実際の天秤を使用しては、－５という重さは実現できないので、今まで考えてきた３拍子でできないか？　を考えていくわけです。

生徒は－５をなくす方法を考えていきます。

－５をとるということは、天秤でいえば＋５の重さをのせることと同じということに気づいていきます。すると、上記の方程式は、「のせます」「とります」「わけます」の３拍子で解けはずということに気づきます。

$$7x-5=4x+7$$

（1）のせます　$7x-5+5=4x+7+5$

$$7x=4x+12$$

（2）とります　$7x-4x=4x+12-4x$

$$3x=12$$

（3）わけます　$3x\div3=12\div3$

$$\frac{3x}{3}=\frac{12}{3}$$

$$x=4$$

「のせます」という操作をイメージできると、どんな３拍子でいくのでしょうか？　生徒は自分でできるようになっていきます。

（1）「とります」「のせます」「わけます」の３拍子

$-2 \qquad +2x \qquad \div 5$

$$3x+2=-2x+12$$

（2）「のせます」「とります」「わけます」の３拍子

$+10 \qquad -8x \qquad \div 6$

$$14x-10=8x+14$$

（3）「のせます」「のせます」「わけます」の３拍子

$+4 \qquad +4x \qquad \div 10$

$$6x-4=-4x+26$$

こうして導入段階から天秤を操作しながら、方程式を解くという経験をすることで自然と「等式の性質」を学んでいることに気づきます。

しかし、ここまでくると、生徒は３拍子で解くときに式をいっぱい書いていかなくてはならないことが「めんどくさい」と気づきはじめます。

そこで、移項の法則という授業をします。

$$4x+2=10$$

$$4x+2-2=10-2$$

$$4x=10-2$$

結果として、左辺の＋２が右辺へー２に変身したことになります。

イコ ルを超えると、符号を変えればよいことがわかります。

こうした移項の法則を確認してからは、「文字は左に、数字は右へ」というキーワードを学んでいくことになります。

No12. 図形の問題１（中１の範囲）

その日の授業は「多角形の内角の和」の公式を作るものでした。ガンマ先生は、いろいろな多角形を書いて説明しました。

しかし、U君にとって今日の授業はそれどころではありませんでした。今日の日本シリーズで西武が勝つことしか頭にありませんでした。

クラスの男子はU君を除いてみんな巨人ファン。U君にとって西武が負けることは大変なことなのでした。

「西武よ、勝ってくれ」このことをずっと思っていました。その時、ガンマ先生はU君を指名しました。「この公式のわけがわかった？」聞いてなかったので、わかるはずがありませんでした。

不思議にもこれを答えたら､なぜか西武が勝つような気がしてきました。突然､「別の公式を発見しました」と言い出したのでした。

「たとえば、５角形のとき、内角は５つ。外角も５つある。１つの内角とその外角を合わせると、１直線になるので１８０°。１直線になるのは５角形のとき、頂点が５つあるので５つになる。したがって、内角と外角部合わせると、１８０°×５＝９００°。しかし、外角の和はどんな多角形でも３６０°なので、５角形の内角の和は、９００°—３６０°＝５４０°となる。このように考えると、５角形の内角の和は１８０°×５－３６０°＝５４０°で求められる。６角形では頂点が６個あるので、内角の和は１８０°×６－３６０°＝７２０°となる。だから、n角形では頂点がn個あるので、n角形の内角の和（　　　　　　　　　　　　　　　）となります」

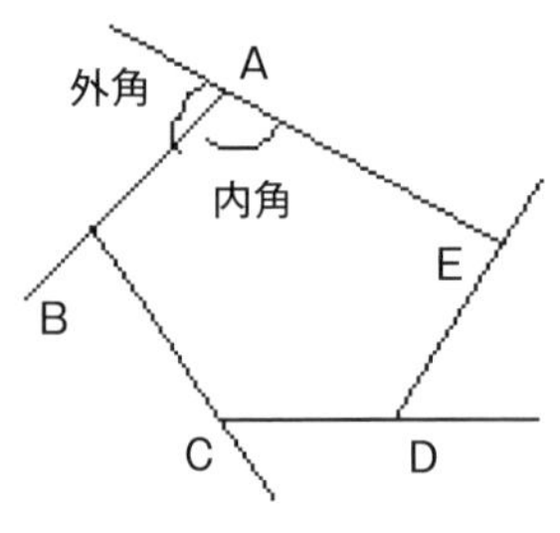

大正解であった。

(問い)

(　　　　　　　　)にはいる公式を作ってください。

＜解答と解説＞

ｎ角形では、頂点がｎ個あるので、ｎ角形の内角の和は（１８０°×ｎ－３６０°）となります。

多角形の外角の和が360°になるという事実は、身体を動かして確認していきます。Ａ点から線上を歩行して一周すると、自分が360°回転したことがわかります。スタートする向きは、Ａ地点に立ちＢ地点を見ています。その姿勢から左回転して歩行し一周するわけです。

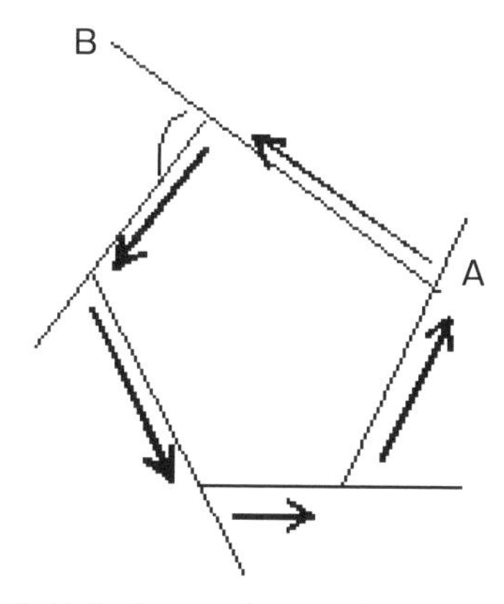

上記のことは作図でも確かめることができます。平行線を引いてＡ地点に角をあつめてしまうと、360°であることがわかります。

（1 + 2 + 3 + 4 + 5 = 360°）

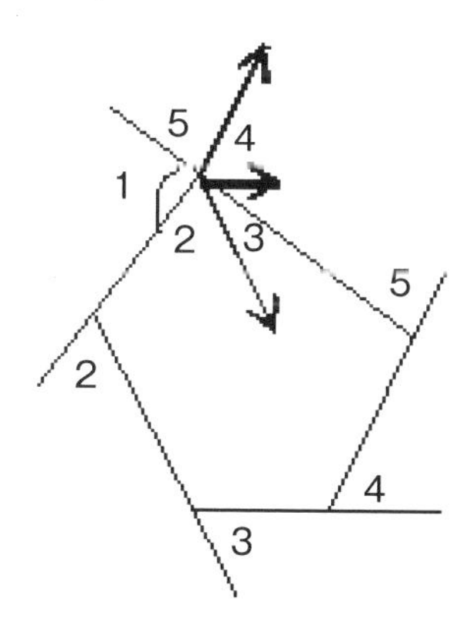

ｎ角形の内角の和の授業では、ｎ角形は内部に三角形がいくつできるか

を考えるものでした。三角形の数は、何本の対角線がひけるかと同じことなので、一つの頂点からひける対角線の数を求めればよいわけです。

１つの頂点からひける対角線は、左右の頂点までの２本はだめなので、（n－2）本になります。したがって、三角形の数も（n－2）個できます。

三角形の内角の和は180°なので、求めるn角形の内角の和は、180°×（n－2） になります。（　　）をはずしてしまえば、１８０°×n－３６０°と同じになります。

（余談）

内角の和を考えていくと、その発展として星形五角形の内角の和の授業もします。下図のａ＋ｂ＋ｃ＋ｄ＋ｅが何度になるかという授業です。

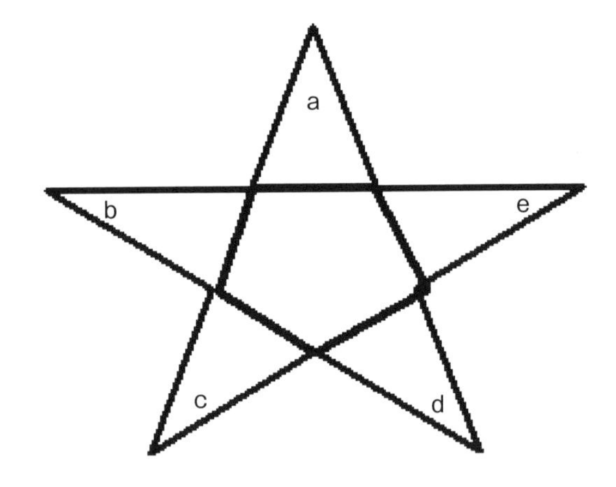

普通の考え方は、例えば、内角ｃがある三角形のなかに、ａ＋ｄとｂ＋ｅをいれてしまう方法です。三角形の１つの外角は、２つの内角の和に等しくなりますので、1＝ａ＋ｄ、2＝ｂ＋ｅになっていますので、ａ＋ｂ＋ｃ＋ｄ＋ｅ＝180°になっています。

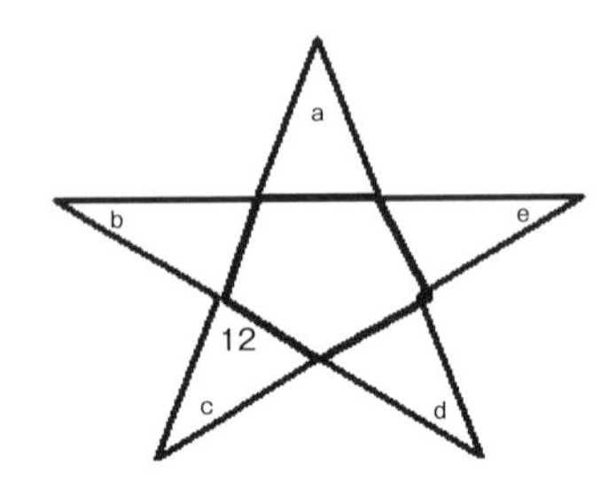

しかし、別の方法で考える生徒も出てきました。

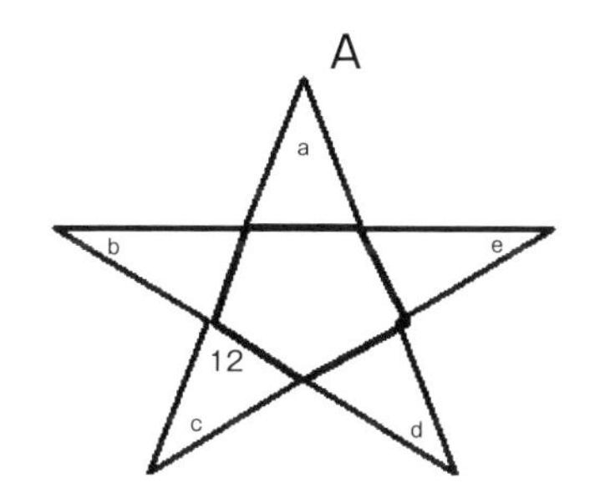

Ａ地点に立って、線上を歩いてＡ地点に戻ってくるまで、自分が何回転したかがわかれば内角の和が求まるというものでした。

実際に歩行をイメージして線上をたどっていくと、2回転して戻っていることがわかります。

したがって、外角の和は、360°×2＝720°、頂点は5個なので、内角＋外角＝180°×5＝900°。以上より、ａ＋ｂ＋ｃ＋ｄ＋ｅ＝900°―720°＝180°になります。

このように、自分が何回転したかで考える方法は、星形多角形の内角の和の問題解決にとても役立ちました。

生徒の発想に助けられました。数学は様々な解決方法があるところがおもしろいなと感じた授業でもありました。

No13. 図形の問題２（中１の範囲）

早稲田実業の荒木大輔。その名は全国に響きわたり、野球ファンを楽しませてくれました。大輔は早稲田大学に進学し、甲子園で果たせなかった夢を神宮のマウンドで悲願の優勝を心に誓いました。

ヤクルトからドラフト１位の指名。ヤクルトの気持ちはありがたかったが､大輔にとってプロ野球はまだ早い。あの長嶋（立教）が､あの田淵（法政）が、あの山本浩二（法政）が、あの江川（法政）が、あの松本（早稲田）たちが汗を流した神宮の杜へと夢が膨らんでいくのでありました。

さらに、大輔はすでに１つの大きな目標をかかげていました。それは、江川もできなかった、４年間での最多勝利数４７勝というどえらい記録を破ることでしたた。

しかし、その前にたちふさがっているのは、早稲田大学へ進学するための「学内テスト」でいい点をとることでしたた。

テストは１２月３日。このテストでいい点をとれば、早実から早大へ進学できます。久しぶりに大輔は燃えていました。

大輔は白球をにぎる右手にエンピツを持ち、机に向かってテスト勉強をはじめました。数学の問題集を開いてみました。そこには、図形（斜線の部分）の面積を求める問題がありました。

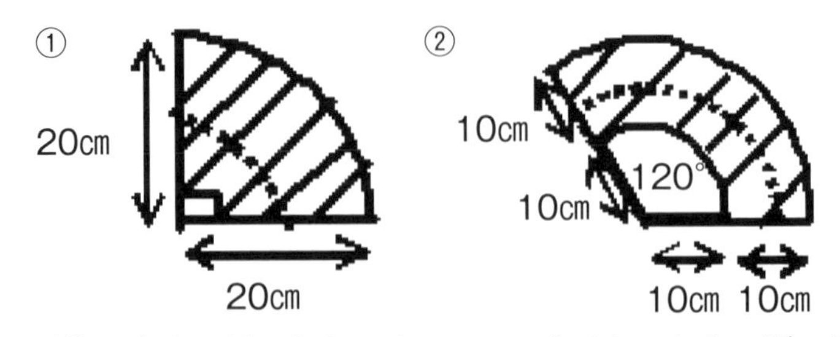

大輔は面積の公式は頭のなかにはいっていませんでした。弧の長さの公式なら覚えがありました。そこで、いっそのこと自分のやり方でやってしまえと思いました。

①と②の図のなかにあるように、点線をいれてみました。そして「それぞれの面積を求めるのに、その幅と点線の長さをかけて求めることにしました」。

すると、

①は、$20\,\mathrm{cm} \times (2\pi \times 10 \times \frac{1}{4}\,\mathrm{cm}) = 100\pi\,\mathrm{cm}^2$

幅×点線の弧の長さ

②は、$10\,\mathrm{cm} \times (2\pi \times 15 \times \frac{120}{360}\,\mathrm{cm}) = 100\pi\,\mathrm{cm}^2$

幅×点線の弧の長さ

解答集を見てびっくりしました。何とあっているではないか！

今年の早大への進学テストの問題は、下のドーナツ型の面積を求めるものでした。大輔はすぐに下の図のように点線を書いて、大輔の考え方で解いてみました。

そして、みごと早大へ入学できたのでした。しかも教育学部。

来年の早慶戦が楽しみなってきたガンマ先生でした。

(問い)

左のドーナツ型の面積を大輔の考え方で求めてみてください。

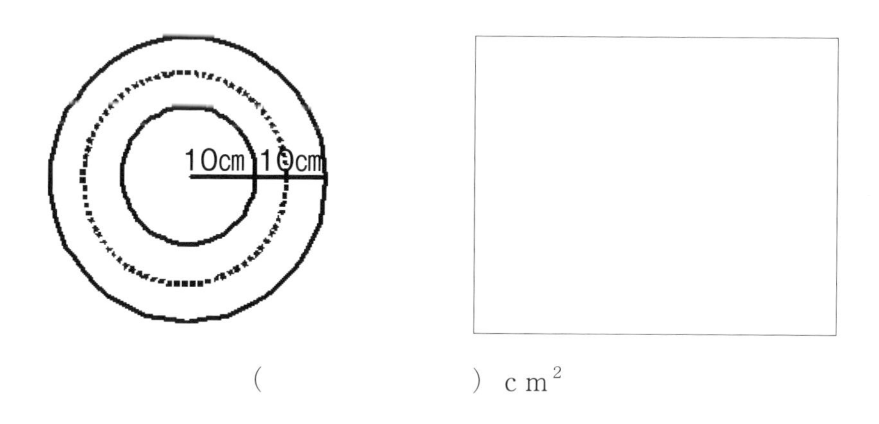

（　　　　　　　　）cm^2

＜解答と解説＞

$10 \times 2\pi \times 15 = 300\,\mathrm{cm}^2$

幅×点線の長さ

幅×点線の長さでなぜ求まるかは、文字を使用すれば、証明することができます。

小さい円の半径をａ、大きい円の半径をｂとします。

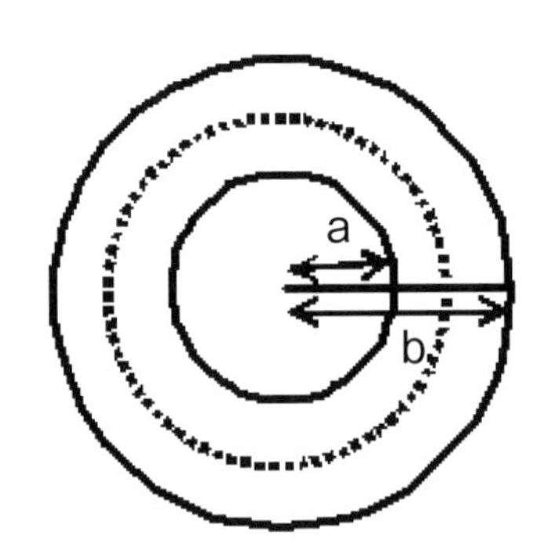

求める面積は、大きい円の面積―小さい円の面積ですから、

$\pi b^2 - \pi a^2$となります………①

幅×点線の長さを文字で表してみると、

幅＝ｂ－ａ

点線の円の半径を求めてみると、

$a + (b - a) / 2$

$= a/2 + b/2$

$= (a + b) / 2$

点線の長さ＝$2\pi \times (a + b) / 2$

$= \pi (a + b)$

以上より、

幅×点線の長さ＝$(b - a) \times \pi (a + b)$

$= \pi (b - a)(b + a)$

$=\pi(b^2-a^2)$

$=\pi b^2-\pi a^2$………②

①、②より、帯状の面積は、幅×点線の長さで求めることがわかります。

次のような問題ではどうでしょうか？

「たてが５m、よこが２０mの土地に、幅xmの道作りましたた。この道の面積を求めよ」

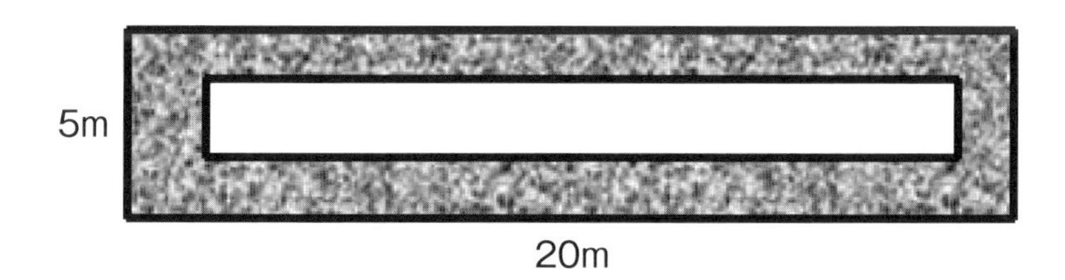

普通は大長方形—小長方形で考えますが、幅×点線の長さで問題解決ができます。

幅＝x

点線の長さ＝$(5-x)\times2+(20-x)\times2$

$=50-4x$

面積＝$x\times(50-4x)$

$=50x-4x^2$になります。

この方法の方が簡単ですね。

No14. 図形の問題３（中１の範囲）

「正多面体はなぜ５つしかないのか？」（ある生徒の作文）

　このまえ、ガンマ先生は授業で折り紙をやり、１枚の紙から正多面体を５つ僕たちに作らせました。僕はせっせと折り、とにかく５つ作りました。
　５つの作品を見ると、みな美しい形をしているのだなと思いました。
　こんなことして何になるのかなと疑問に思ったけど、折り紙で１時間すぎるならいいやと思っていた。でも、作った５つの正多面体を見ていてふと不思議に思いました。
　なぜ正多面体は、この世界にたった５つしかないのか？　いっぱいあったっていいのに。
　次の日、ガンマ先生は自分で作ったでっかい正多面体を教室に持ってきました。そして、黒板に向かって何か書いて見せました。

正多面体とは……
（１）どの面もみんな同じ正多角形である（大きさも同じ）。
（２）どの頂点にも、同じ数だけ面が集まっている。
「今日は、正多面体が５つしかないことを証明しよう」と言った。
　僕はハッとしました。ガンマ先生が書いた文章を見て気がついたのでした。おもわず手を上げていました。僕はこう思ったのでした。
　正３角形でできる正多面体は、正４面体、正８面体、正２０面体。どれも１つの頂点に集まる面の数は同じで、それぞれ３つ、４つ、５つとなっています。
　正３角形の１つの角度は６０°だから、面が３つ集まると頂点にできる角度は全部で１８０°、４つだと２４０°、５つだと３００°。もし正３角形で正多面体がほかにできるとしたら、１つの頂点に集まる面の数は次は６つになるはずです。

すると、頂点にできる角度は３６０°になり〝おかしなことになる〃。だから、正３角形でできる正多面体は３つしかないことになる。

これと同じ考え方でいくと、正方形でできる正多面体は、正６面体の１つしかなく、次に正５角形でできる正多面体は、正１２面体の１つしかないはずです。

次にもし、正６角形でできる正多面体があるとしたら、１つの頂点には、最低、面が３つないと立体ができないので、正６角形の１つの角度は、１２０°なので、３つ集まると３６０°になり、やはり〝おかしなことになる〃。

だから、正多面体は正３角形から３つ、正方形から１つ、正５角形から１つ、合計５つしかないということがわかりました。

(問い)

作文のなかの〝おかしなことになる〃というのは、どういうことなのか説明してください。

＜解答と解説＞

おかしなことになるとは、３６０°になると平面になってしまい、立体ができなくなってしまうことです。

正多面体とは、下記の立体のことです。

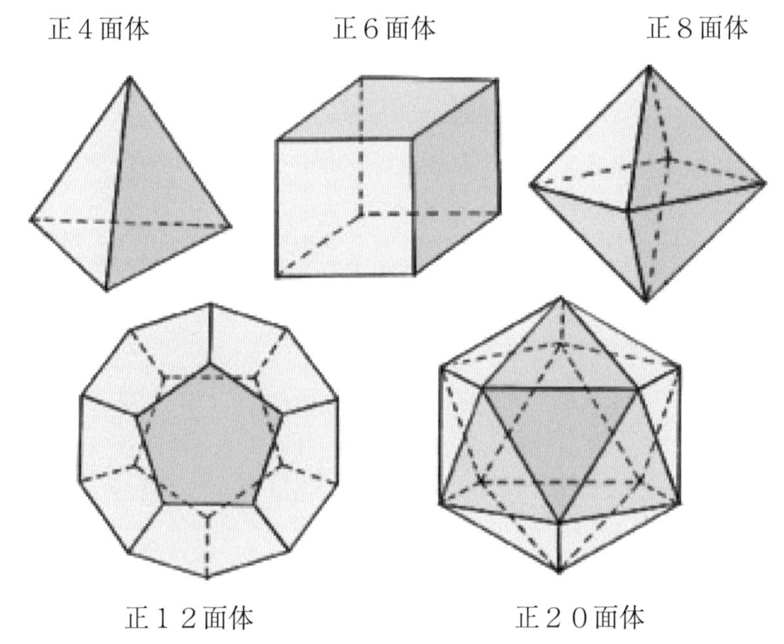

中１で学習する内容なのですが、この単元は「折り紙」をして、学んでいきます。

（１）正４面体、正８面体、正２０面体は、ユニット三角形を組み合わせで作成していきます。

ユニット三角形のつくり方

①正方形を半分に折って、折り目をつける。

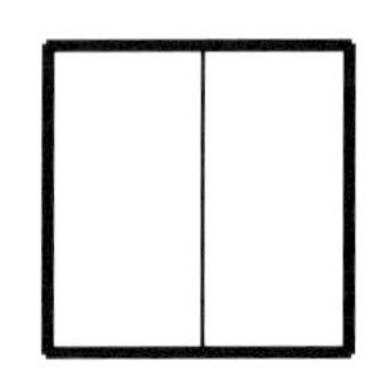

②「あ」を折り目に重なるように折る。

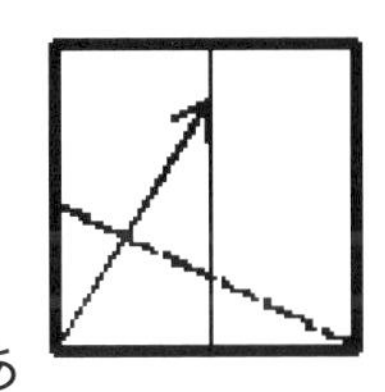

③右側を折り返し、ナプキン型にする。

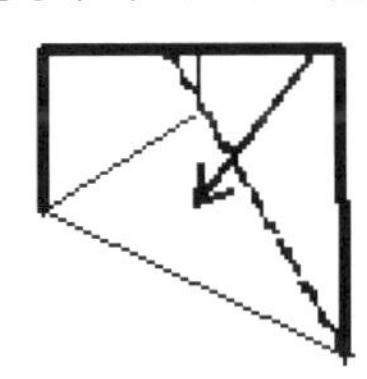

④②で折り曲げた部分をとりだし広げる。

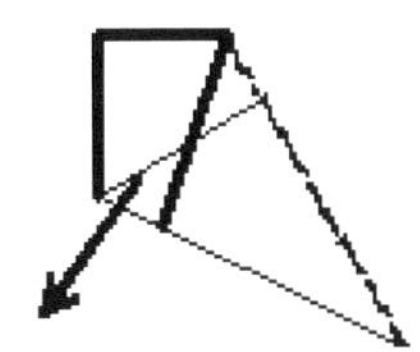

⑤ａをｂに重なるように折る。

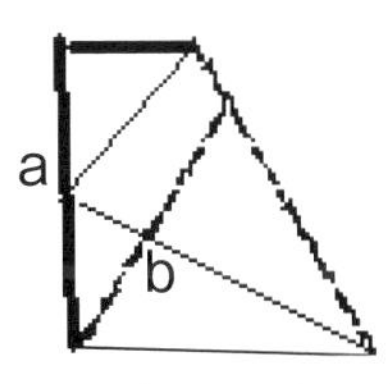

⑥ｃをｄに重なるように、上へ折り曲げる。

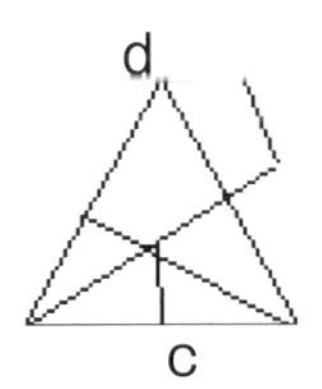

⑦ｅをｆに重なるように折り曲げる。

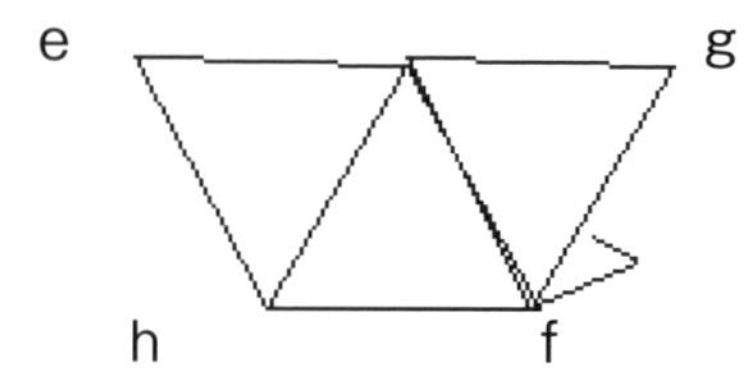

⑧ｇをｈに重なるように折り曲げる。ｈ側にできたポケットにｇをいれてしまう。ちょっとはみ出る部分も、ポケットにいれる。

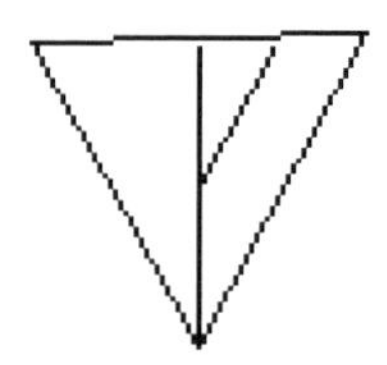

⑨この三角形をユニットとよびます。Ａ、Ｂ、Ｃの辺が、ポケットになってる。

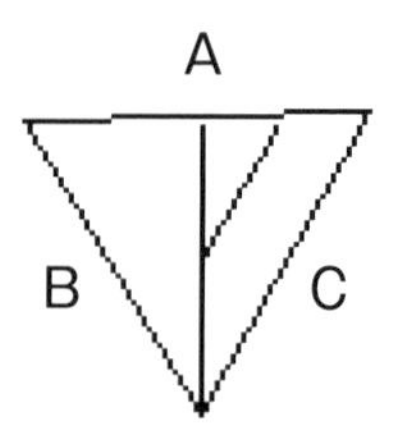

⑩ユニット三角形を、つなぐ「つぎ手」を作ります。
最初の正方形を１／４にした正方形を作ります。次に縦横に折り曲げて、広げる。

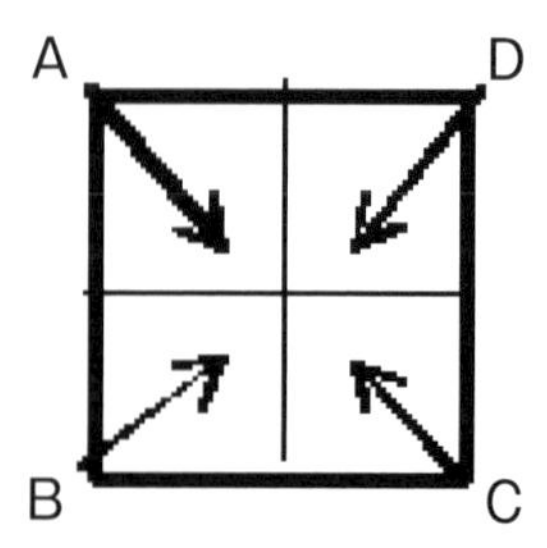

頂点Ａ，Ｂ，Ｃ，Ｄ　を中心へ向けて、折る。

⑪できた正方形を対角線に沿って折り、折った部分をみえないようにする。

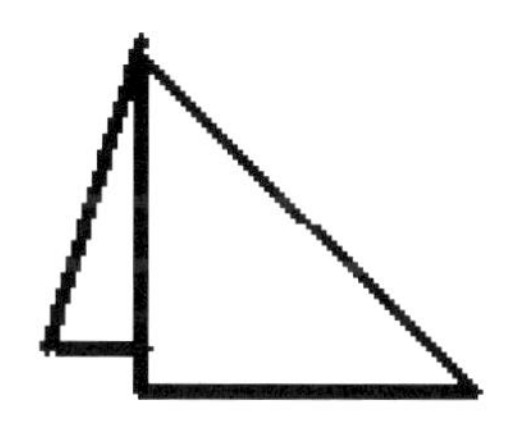

以上のように、ユニット三角形とつぎ手を最初に折って作っていきます。その後、正４面体、正８面体、正２０面体をつぎ手をいれながら作成していきます。

作成しながら、正多面体の面の数だけユニット三角形が必要であることや、つぎ手の数が正多面体の辺の数だけ必要であることが、自然と理解していきます。実際に作成してみると、正多面体の美しさを味わえることになります。

そして正多面体の定義である、
①１つの頂点に集まる面の数が同じであること。
②面の形が全部同じであること
が定着していきます。

目の前に自分で作成した正多面体があると、面、頂点、辺の数の関係を調べることも、実際に体験できることになります。

正６面体と正１２面体は、折り紙ではなく、授業では展開図から切りとり、組み立てて作成していきました。

No15. 式の計算の問題（中２の範囲）

中２になって勉強した「指数法則」。便利な計算方法もあるものだなと思いながら授業を受けていました。

季節は「春」。眠いのをがまんして、ボーと黒板を見つめていました。先生が「指数」の説明をしていました。黒板に書かれた数字は、２の何乗というものでしたた。

$2^1=2$　　$2^2=4$　　$2^3=8$　　$2^4=16$……

ボ〜と眺めていると、「ハッ！」と気づきました。

指数の１、２、３、４……って、何でみんな「プラス」何だろう？

中１のとき、数は「プラス」「マイナス」両方あるって習いました。

そのときガンマ先生は、2^0、2^{-1}、2^{-2}、2^{-3}、2^{-4}……の答えがあってもいいのになと思いました。眠かったガンマ先生の頭は、冴えてきました。最初に2^0が、いくらなのか考えてみました。

ちょうど先生が指数法則の÷算を説明していました。

$2^5 \div 2^3 = 2^5 \times \dfrac{1}{2^3} = 2^2$になるから、$2^5 \div 2^3 = 2^{5-3} = 2^2$とやってよいと書いてありました。

「これだ！」とガンマ先生は「ヒラメイタ」。$2^5 \div 2^5 = 2^{5-5} = 2^0$だ。やっぱり$2^0$はあったんだ。

$2^5 \div 2^5$が2^0のことなので、　2^0の答えは（　　　　）だ！

すると、$2^{-1}=$（――）　$2^{-2}=$（――）　$2^{-3}=$（――）　のことだ！

また、数学の世界が広がって見えた一日でした。

＜解答と解説＞

$2^5 \div 2^5$が2^0のことなので、2^0の答えは（1）だ！

すると、$2^{-1} = (\frac{1}{2})$　$2^{-2} = (\frac{1}{4})$　$2^{-3} = (\frac{1}{8})$

指数法則とは、① $x^m \times x^n = x^{m+n}$

② $x^m \div x^n = x^{m-n}$

③ $(x^m)^n = x^{mn}$

④ $(xy)^m = x^m y^m$

⑤ $(\frac{y}{x})^m = \frac{y^m}{x^m}$

という法則で、指数計算がこの法則を知っていると、とっても早く計算ができて便利になります。

2の累乗を考えたとき、指数は1、2、3……の自然数からはじまり、0、－1、－2、－3……といった整数の範囲まで広がっていきました。それは、下記のような広がりです。

$2^4 = 16$、$2^3 = 8$、$2^2 = 4$、$2^1 = 2$、
$2^0 = 1$
$2^{-4} - \frac{1}{16}$、$2^{-3} = \frac{1}{8}$、$2^{-2} = \frac{1}{4}$、$2^{-1} = \frac{1}{2}$

指数が自然数から整数に広がったわけなのですが、では指数が有理数に発展する場合があるのかという当然の疑問が出てきます。

$2^{\frac{1}{2}}$という数は存在するのかという疑問です。

今、x＝とおいてみます。

ここで、両辺を２乗してしまいます。

$$x^2 = (2^{\frac{1}{2}})^2$$

$$x^2 = 2^{\frac{1}{2}\times 2}$$

$$x^2 = 2$$

$$\therefore \quad x = \sqrt{2}$$

というわけで、$2^{\frac{1}{2}}$は$\sqrt{2}$のことでした！！

xは２乗すると２になる数なので、本当は$\sqrt[2]{2}$と書きます。

体積が２ｃｍ^{3}の立法体の１辺の長さをｘｃｍとすれば、

$$x^3 = 2$$

xは３乗すると２になる数なので$\sqrt[3]{2}$と書けますので、

$$x = \sqrt[3]{2} = 2^{\frac{1}{3}}$$

自分が中央ろう学校の高等部の教員であったとき、中央ろうの中学部３年生に「高校数学への道」という特別授業をしたことがあります。

その内容は、指数法則をどんどん広げていって、累乗根の計算を深めました。

No16. 連立方程式の問題（中２の範囲）

今日の数学の授業は、新しい単元の「連立方程式」でした。教室にはいってきたガンマ先生は、手におかしをもっていました。ボンタンアメとヨーグレットでした。そして、みんなに質問をしはじめました。

「ボンタンアメ２箱、ヨーグレット３箱で全部の重さは何ｇくらい？　予想してみてください」という問題が出ました。

僕は適当に３００ｇくらいと予想しました。ガンマ先生は、教卓の上にある秤の上に、ボンタンアメ２箱とヨーグレット３箱をのせ、重さを計りはじめました。

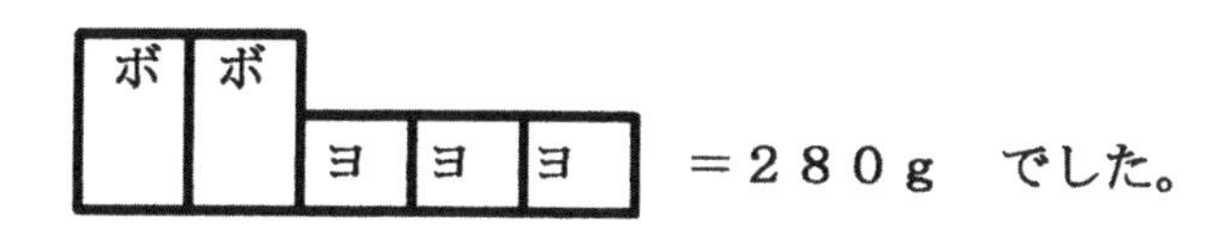

次にガンマ先生は「では、このときボンタンアメ、ヨーグレット１箱の重さは、何ｇですか？」

と、質問してきました。僕は「求めることは、できません」と手を挙げて答えました。

ガンマ先生は「そうですね。では、もう一つ条件をつけます」と言って、ボンタンアメ１箱とヨーグレット４箱を計りにのせました。

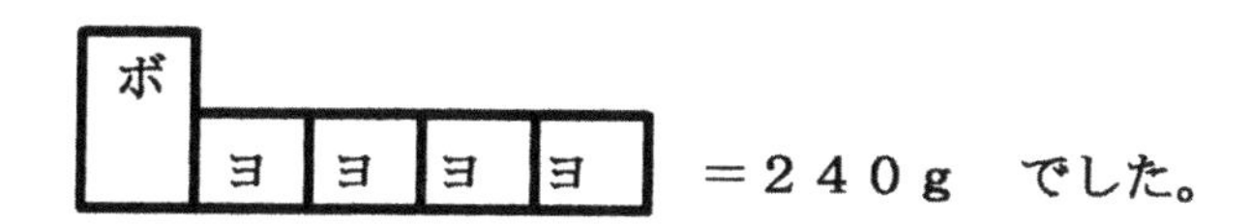

そしてガンマ先生は、「これで、ボインタンアメ１箱とヨーグレット１箱の重さが何ｇかわかりますか？」

と、みんなに質問し、１枚のプリントをみんなに配りはじめました。プリントには下記のような図がありました。

自分の考えで求めてみてください。

条件＝あくまでもこの図で答えを求めてください（ｘやｙという文字は使用してはいけません）。

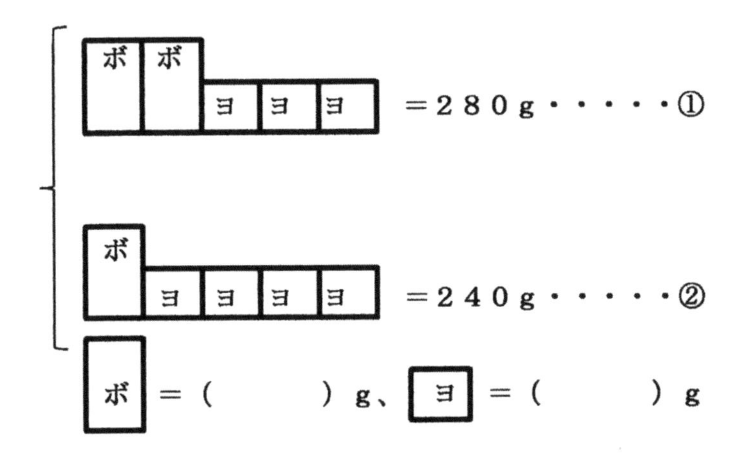

自分の考えを書いてみてください。

＜解答と解説＞

ボ ＝（８０）ｇ、　ヨ ＝（４０）ｇ

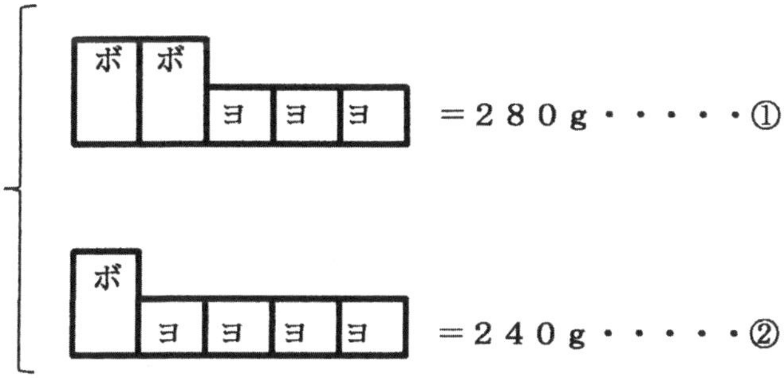

ボ ボ ヨ ヨ ヨ ＝２８０ｇ・・・・・①

ボ ヨ ヨ ヨ ヨ ＝２４０ｇ・・・・・②

＜ある生徒の考え１＞　①－②＝４０　ｇ　図で考えると

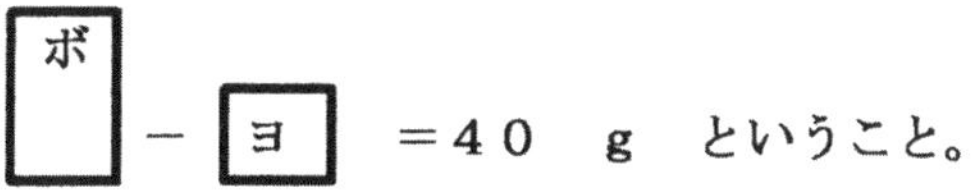

ボ － ヨ ＝４０　ｇ　ということ。

この意味はボンタンアメとヨーグレットの重さの差が、４０ｇということ

①のボンタンアメとヨーグレットの差の部分に４０ｇを３個のせると

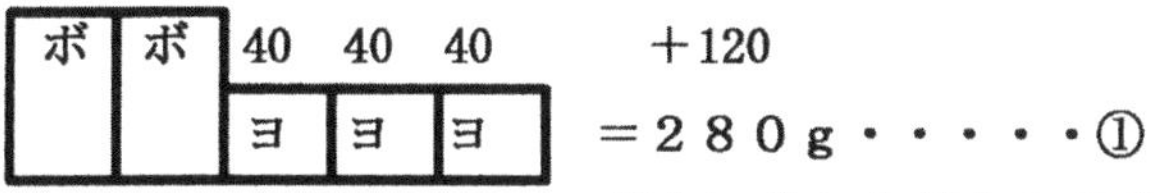

ボ ボ 40 40 40 ＋120

ヨ ヨ ヨ ＝２８０ｇ・・・・・①

ボンタンアメ５個　で、ちょうど４００ｇ　だということがわかります。

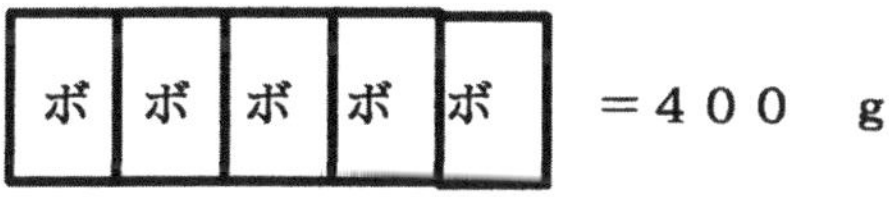

ボ ボ ボ ボ ボ ＝４００　ｇ

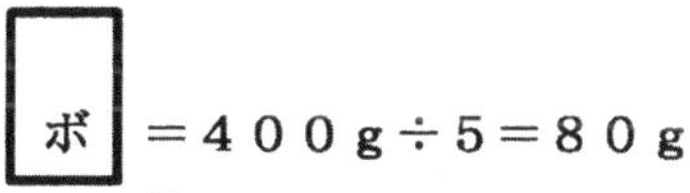

ボ ＝４００ｇ÷５＝８０ｇ

だから、ビンタンアメ１箱＝８０ｇ

重さの差は、４０ｇなので、８０ｇ―４０ｇ＝４０ｇ

だから、ヨーグレット１箱＝４０ｇ

＜ある生徒の考え２＞　②で、ボンタンアメを２箱にしてから、考える

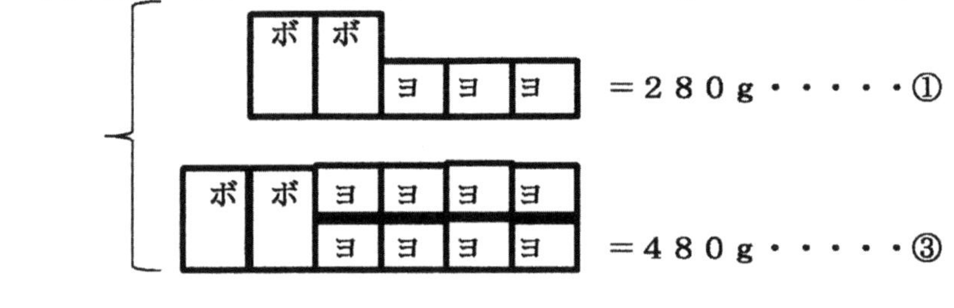

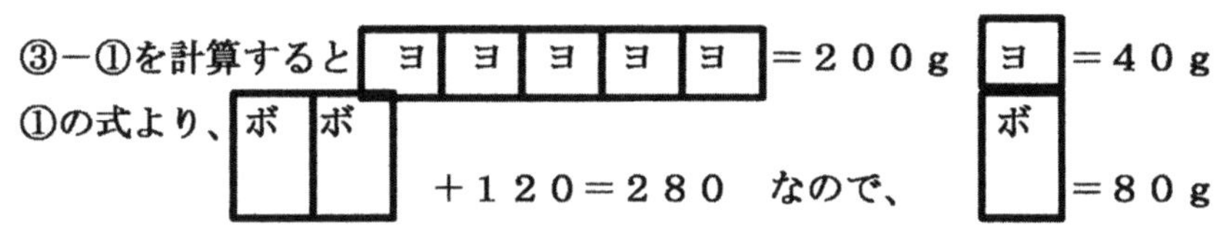

＜余談１＞　「ツル・カメ型の連立方程式」

『ツルとカメとあわせて１５ひきいます。足の数は全部で５２本です。
ツルとカメは、それぞれ何ひきいますか？』

この問題を出すと、生徒は、ツルをxひき、カメをyひき　とおき

$$\begin{cases} x+y=15 & \cdots\cdots ① \\ 2x+4y=52 & \cdots\cdots ② \end{cases}$$

②－①×２

$$\begin{array}{rr} & 2x+4y=52 \\ -) & 2x+2y=30 \\ \hline & 2y=22 \\ & y=11 \end{array}$$

①に代入　$x+11=15$

$x=15-11$

$x=4$

ツル　４ひき、カメ　１１ひき

ここで、熊本県の小学生の発見した方法を紹介していきます。

（1）ツルとカメかわからない動物が１５ひきいるので○を１５書きます。

（2）○に２本ずつ足をつけてツルを作ってみます。

※文字で考えると、２ｘ＋２ｙ＝３０をしていることです。

（3）足は５２本あるので、５２－３０＝２２本あまっていますので、こんどは２本ずつ上につけていき、カメを作ってみます。

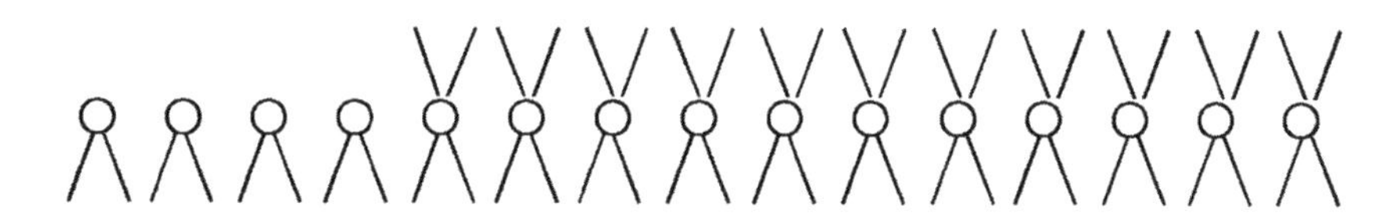

※文字で考えると、２ｘ＋４ｙ＝５２を表しています。

$$
\begin{array}{rr}
 & 2x + 4y = 52 \\
-) & 2x + 2y = 30 \\
\hline
 & 2y = 22 \\
 & y = 11
\end{array}
$$

（4）以上より、ツルは４ひき、カメは１１ひきになります。

※文字で考えると、ｘ＝１５－１１＝４をしています。

（余談２）

連立方程式の文章問題をわかりやすくするために、型わけをして指導しています。

文章問題を２つの型にわけています。

①ボンタン・ヨーグレット型の問題と②ツル・カメ型の問題です。

①ボンタン・ヨーグレット型の問題

ある店で昆布茶２杯と番茶３杯飲んだら５４０円でした。次の日、またその店で今度はのどがカラカラだったので、昆布茶４杯と番茶２杯を飲んだら６８０円でした。昆布茶と番茶は１杯何円だったのでしょうか？

昆布茶１杯を、ｘ円、番茶１杯を、ｙ円とします。

$$\begin{cases} 2x+3y=540 & \cdots\cdots ① \\ 4x+2y=680 & \cdots\cdots ② \end{cases}$$

②ツル・カメ型の問題

％の問題は、殆ど「ツル・カメ型」になっています。

１０％の食塩水と１６％の食塩水をまぜあわせて、１４％の食塩水２４０ｇ作りたい。それぞれ何ｇずつまぜればよいでしょうか？

１０％の食塩水をｘｇ、１６％の食塩水をｙｇとします。

$$\begin{cases} x+y=240 & \cdots\cdots ① \\ 0.10x+0.16y=0.14\times 240 & \cdots\cdots ② \end{cases}$$

この式の形になる問題を、ツル・カメ型　といいます。

速さの問題もツル・カメ型になっています

３４ｋｍのハイキングコースを行くのに、８時間かかりました。最初は４ｋｍ／時の速さで歩き、途中から急いで、５ｋｍ／時の速さにしました。４ｋｍ／時の速さで歩いた時間と、５ｋｍ／時の速さで歩いた時間を求めてみましょう。

４ｋｍ／時の速さで歩いた時間をｘ時間、５ｋｍ／時の速さで歩いた時間をｙ時間とします。

$$\begin{cases} x+y=8 & \cdots\cdots ① \\ 4x+5y=34 & \cdots\cdots ② \end{cases}$$

やはり、ツル・カメ型になっています

こんな体験をしてから、生徒は連立方程式の文章問題を作成していきます。ボンタン・ヨーグレット型やツル・カメ型の楽しい問題を互いに解きあいました。

①ボンタン・ヨーグレット型の一般形

$$\begin{cases} ax+by=c \cdots\cdots ① \\ dx+ey=f \cdots\cdots ② \end{cases}$$

②ツル・カメ型の一般形

$$\begin{cases} x+y=a \cdots\cdots ① \\ bx+cy=d \cdots\cdots ② \end{cases}$$

No17. 不等式の問題（中２の範囲）

もうすぐ「夏」だ。夏といえば「夏祭り」だ。夏祭りといえば「夜店」だ。昔の夜店には、おもしろい店がたくさんありました。そのなかに「メロンの重さを当てる店」がありました。その店にはこんな看板がありました。

「５ｋｇ、３ｋｇ、２ｋｇの３個の重りを使って、このメロンの重さがわかった人には１００００円贈呈！！　１回・１００円」と書いてありました。使う「てんびん」は、次のようなものでした。

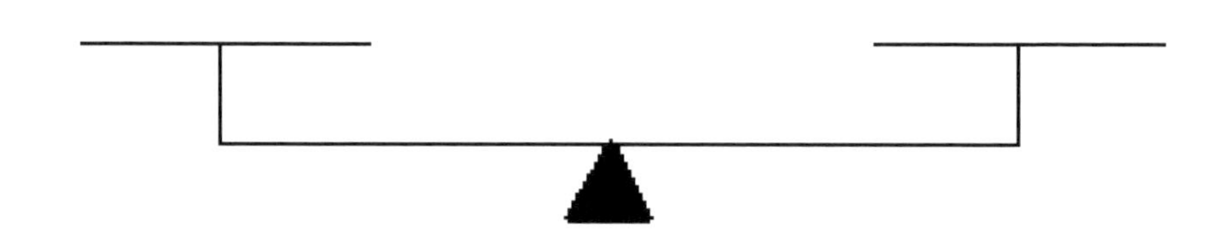

１００円が１００００円になるなんて、これはチャンスと思い、ガンマ先生はやってみることにしました。

使えるものは、３個の重りとメロン１個。

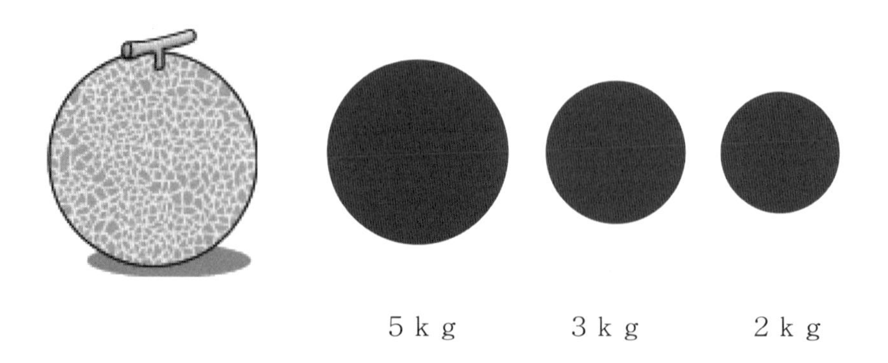

ガンマ先生は、次のようにてんびんを使ってみました。
（1）メロンを左、5ｋｇを右にのせたら、メロンの方が下に傾いた。
（2）次に5ｋｇをのせたまま、3ｋｇを重りの方へのせたら、重りの方が下に傾いた。
（3）次に3ｋｇのかわりに、2ｋｇにとりかえてもやっぱり重りの方が下に傾いた。

3回てんびんを使ってみて、「ハッ！」とひらめきました。メロンの重さは（？）ｋｇかもしれないぞ。そんな気持で次に、重りの方の2ｋｇをとって、かわりに3ｋｇをのせ、メロンの方にその2ｋｇをのせてみました。そしたら何と、てんびんはつりあったのでした。
やっぱりメロンは（？）ｋｇだった。
ガンマ先生は店のおじさんに答えを言いました。
しかし「てんびんを4回使ったから駄目！」と言われてしまいました。
ガンマ先生がよく看板を見直したら、小さく「てんびんは、3回まで使ってよし」と書いてあったのです。ほろにがい夏の思い出になりました。

(問い)
メロンは何ｋｇだったのでしょうか？
（　　　　）ｋｇ

＜解答と解説＞

メロンは何ｋｇだったのでしょうか？　（　６　）ｋｇ

$x+2=8$となったので、$x=6$

メロンの重さをｘｋｇとして考えてみると、

（１）メロンを左、５ｋｇを右にのせたら、メロンの方が下に傾いた。

$$x>5$$

（２）次に５ｋｇをのせたまま、３ｋｇを重りの方へのせたら、重りの方が下に傾いた。　$x<5+3$

$$x<8$$

（３）次に３ｋｇのかわりに、２ｋｇにとりかえてもやっぱり重りの方が下に傾いた。　$x<5+2$

$$x<7$$

ここでガンマ先生のやったことは、重りの方の２ｋｇをとって、かわりに３ｋｇをのせ、メロンの方にその２ｋｇをのせてみました。そしたら何と、てんびんはつりあったのだった。

$$x+2=5+3$$

$$x+2=8$$

$$x=8-2$$

$$x=6$$

「てんびんは3回まで使ってよし」という条件で考えてみると、

（１）より　$x>5$……①

（３）より　$x<7$……②

①、②より　$5<x<7$……③

③より　$x=6$ｋｇ

中１の方程式で使用した「てんびん」を使用して３個の重りを作り、実験して確かめました。

No18. １次関数の問題（中２の範囲）

物を燃やせば「二酸化炭素」が発生します。

大気中の二酸化炭素は太陽光線を通しますが、赤外線は吸収してしまいますので、地球の熱が逃げにくくなってしまい、二酸化炭素が増え続けると地表の温度を上げてしまいます。

１９８８年カナダのトロントで次のようなことが決められました。

・二酸化炭素などの排出量を１９８８年の半分以下にする。

・当面２００５年までに１９８８年の２０％を削減する。

しかしながらうまく進んでいません。

身近な問題として「ごみ問題」があります。ごみを燃やせば二酸化炭素が発生しています。西多摩の日の出町のごみ処理場では、１９９０年までにたまった量は１００万ｍ^{3}でした。

しかし、１年間で２０万ｍ^{3}の割合でごみは増え続けています。

満杯の３００万ｍ^{3}になるのは何年後なのでしょうか？

（　　　　）年後には満杯になってしまう。

そこで、日の出町は１９９５年に非常事態宣言を出して、リサイクル運動を呼びかけました。次の処理場が完成するのが２００５年なので、２００５年に今の処理場がちょうど満杯にするために、１９９５年からは１年間に増える量を２０万ｍ^{3}からいくらにすればよいでしょうか？

（　　　　）万ｍ^{3}にすれば、ちょうど２００５年に３００万ｍ^{3}になる。

＜問い＞　グラフをかいて、考えてみて下さい

３００万ｍ^3
２００万ｍ^3
１００万ｍ^3

１９９０年　１９９５年　２０００年　２００５年

＜解答と解説＞

（　１０　）年後には満杯になってしまう。

（　１０　）万m^3にすれば、ちょうど２００５年に３００万m^3になる。

グラフをかいて考えてみてください。

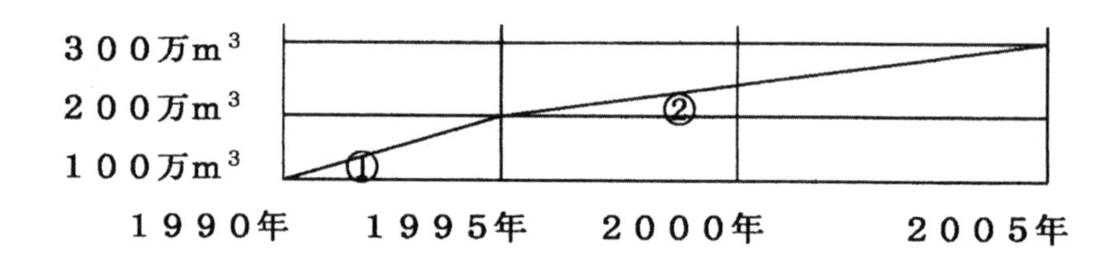

１次関数は、ｙ＝ａｘ＋ｂと表せる関数のことです。

入力ｘをａ倍して、ｂを加えるという関数です。

１年間で２０万m^3の割合でごみは増え続けています。ということは、変化の割合が２０万m^3ということです。

したがって、ａ＝２０万m^3になります。

１９９５年に非常宣言を出したときは、１９９０年から５年間たっているので、

２０×５＝１００万m^3たまったことになります。

したがって、①の直線がひけるわけです。

そして、２００５年に満杯の３００万m^3にしたいので、②の直線がひけます。

②の直線で考えれば１０年間で１００万m^3ためることなので、１００万m^3÷１０＝１０万m^3となります。１年間で１０万m^3の割合にすればよいことがわかります。

では、①と②の直線の式はどう表されるでしょうか？
考えやすいようにするために、
１９９０年＝0、１９９５年＝5、
２０００年＝１０、２００５年＝１５とおきます。

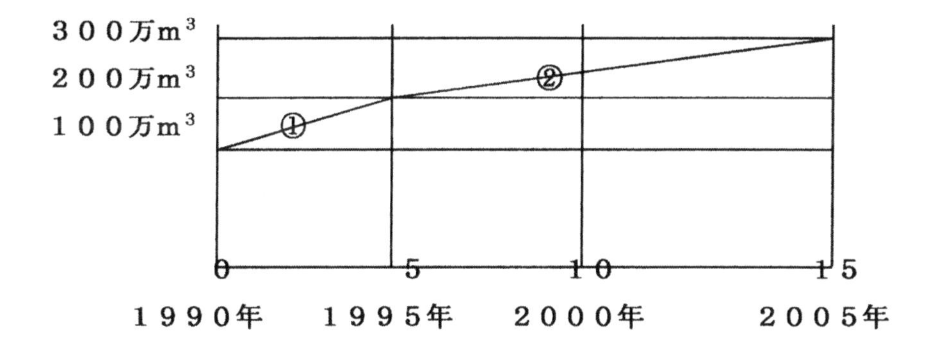

①の式の場合　a＝２０（万m³）
y＝２０x＋b　とかけます。

x＝0　y＝１００　を代入する
２０×0＋b＝１００
b＝１００

以上より、y＝２０x＋１００

②の式の場合　a＝１０（万m³）
y＝１０x＋b　とかけます

x＝5　y＝２００を代入する
１０×5＋b＝２００
５０＋b＝２００
b＝１５０

以上より、y＝１０x＋１５０となります。

No19. 図形の問題（中２の範囲）

あきる野市には、広い静かな西多摩霊園があります。そのすぐそばに、障害をかかえた人たちの作業所があります。

ガンマ先生が昔、羽村養護学校の先生だった頃、クラスの子がその作業所で「実習」をすることになったので、１日補助者としてその作業所に行くことになりました。

昼食後は散歩でした。広い西多摩霊園をゆっくりのんびり歩きました。霊園の石材店の所で一休み。ベンチに座って、ちょっとしたフリータイム。

ガンマ先生は、石をきざむ石材店の職人さんの手の動きに魅せられてしまいました。石の値段はどういうふうにつけられるのだろうと思いました。

「同じ材質の石はどんなふうに値段がつくのですか？」と聞いてみたら「大きさですよ」と職人さんは手を休めて言いました。

「ああ、そうですか」ガンマ先生は一瞬大きさとは何だろうと気になりました。

「大きさの測り方ですか？」と職人さんが、ガンマ先生に聞き返しました。

「簡単ですよ。この隅からこの隅までの長さで値段が決まるんです！」

と言って、ＡとＧの隅を指で触ってみせてくれました。

ガンマ先生は驚きました。直方体ＡＢＣＤ－ＥＦＧＨは硬い石です。

石のなかに穴をあけて、ＡＧを測ることはできるわけがありませんでした。

しかし、石材店の職人さんは、３０秒もかからずに、正確にＡＧの長さを測ってしまった。

「すごい」と思わず叫んでしまいました。

(問い)

職人さんは、ＡＧの長さをどのように、測ったと思いますか？　図や言葉など自由に自分の考えを書いてください。

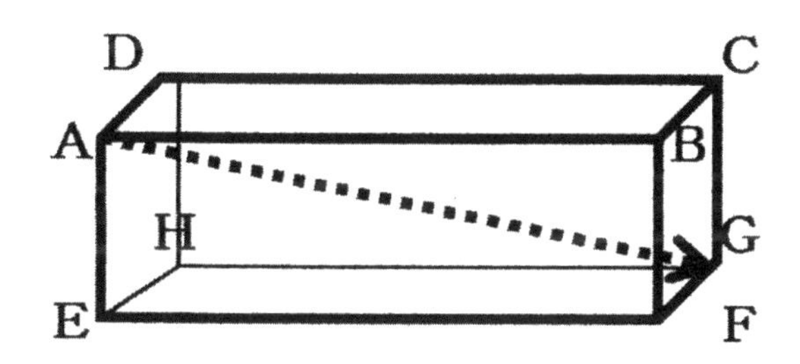

＜解答と解説＞

棒と糸を使います。ＡＥに棒を立て、ＡＥと同じ長さのところからＣへ糸を張ります。その長さがＡＧの長さになるのです。

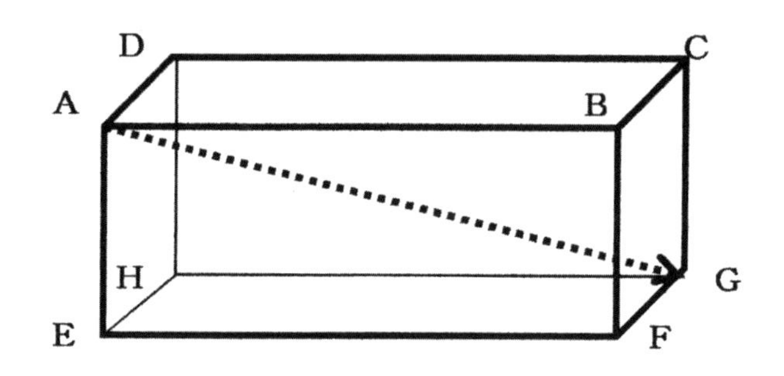

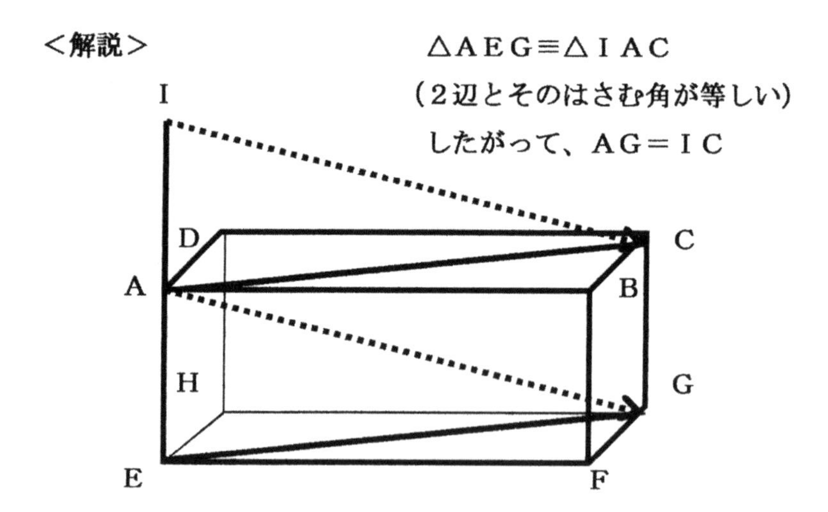

中学３年生なら、ピタゴラスの定理を使用して求めることができます。

直方体の縦をａ、横をｂ、高さをｃとおけば、対角線に長さ＝$\sqrt{a^2 + b^2 + c^2}$という公式を利用すれば、計算で求めることができます。

しかし、中２の生徒は公式は知りませんので、じっくり考えていきました。

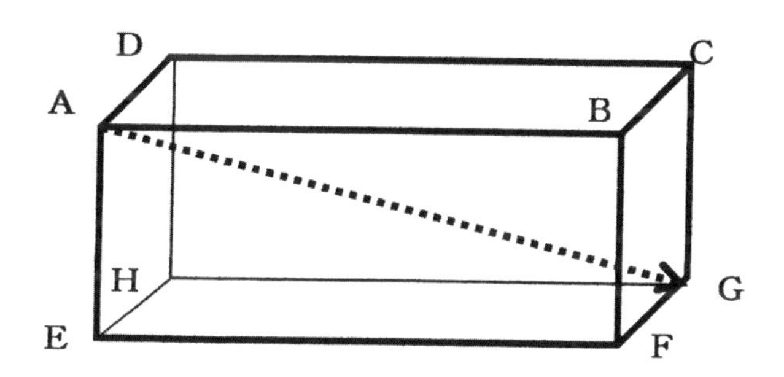

ここでは、おもしろかった３つの考え方を紹介します。

生徒の考え方１……サンプル作成というアイデア

発砲スチロールで、同じ大きさの形をつくり、斜めに切断して、ＡＧを計る。

生徒の考え方２……投影図というアイデア

スクリーンを準備し、ＥＧがスクリーンに平行になるように置き、光をあてる。スクリーンにできた影（長方形）の対角線がＡＧの長さになる。

生徒の考え方３……ひたすら肉体労働するアイデア

地面を斜めに穴をほる。ＥＨを深い方へ沈める。ＢＣが地面すれすれになるまで掘る。ＢＣが地面すれすれになったら石をとりだし、地面表面にできた長方形の対角線がＡＧの長さである。

No20. 無理数の問題（中３の範囲）

昔、テストの解答用紙はＢ５という大きさでした。そして、テストの問題用紙はＢ４という大きさでした。

Ｂ５とＢ４の用紙は相似形になっています。そして、Ｂ４はＢ５の２倍の大きさになっています。

つまり、Ｂ４はＢ５の面積の２倍になっていることでもあります。

さて、Ｂ５からＢ４へ用紙の面積を２倍にするためには、コピー機の拡大ボタンのうち、１４１％のボタンを押せば２倍に拡大されて、Ｂ４の用紙が出てきます。

どうして１４１％のボタンを押すと、面積が２倍に拡大されるのでしょうか？

自分の考えを自由に書いてください。

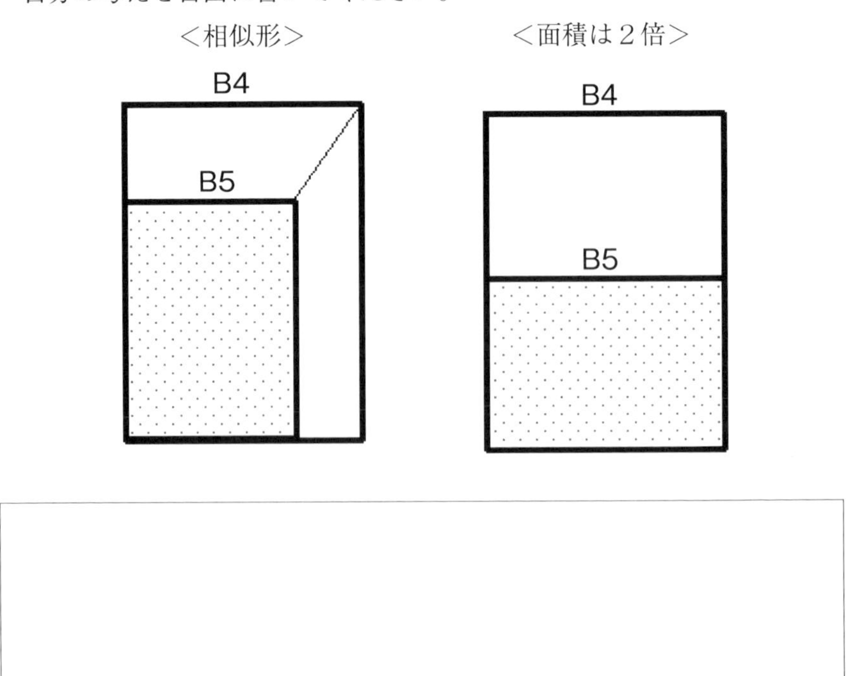

＜解答と解説＞

相似比がａ：ｂなら面積比はａ^2：ｂ^{2}です。

その逆で考えると、面積比がａ：ｂなら相似比は$\sqrt{a}$：$\sqrt{b}$です。

Ｂ５の面積とＢ４の面積は２倍の関係なので、面積比はＢ５：Ｂ４＝１：２です。

すると、相似比はＢ５：Ｂ４＝$\sqrt{1}$：$\sqrt{2}$＝１：$\sqrt{2}$です。

つまり、$\sqrt{2}$倍になっています。

$\sqrt{2}$＝１．４１なので、１．４１％のボタンを作りました。

$\sqrt{2}$は無理数という新しい数です。この無理数と出会うことで、実数が完成されて、数直線が成立することになります。

$\sqrt{2}$ = 1.41421 35623 73095 04880 16887 24209 69807 85696 71875 37694 80731 76679 73799 07324 78462 10703 88503 87534 32764 157……

このように、循環しない無限小数を無理数といいます。

実際に$\sqrt{2}$という長さはあるのに、表記すると無限に続いてしまう不思議な数です。

でも、実生活のなかでは、この$\sqrt{2}$とは、たくさん出会っています。たて：よこが１：$\sqrt{2}$になっているものがたくさんあるのです。

①わら半紙　②新聞の広告　③原稿用紙　④ノート　⑤教科書
⑥週刊誌　⑦写真　⑧模造紙　⑨画用紙　⑩文庫本など

中３になって､はじめて出会うこの新しい数を実際に体験してほしくて、この単元の最初の時間にイカ飛行機を作る授業をしています。生徒には２枚の紙を配布します。

１枚はわら半紙１枚。もう１枚はわら半紙半分１枚です。

この２枚で２機のイカ飛行機を作って、どちらがよく飛ぶだろかと考えさせます。そして教室内で飛ばして楽しみます。楽しんだあとに、大きい飛行機は小さい飛行機の何倍だろうかということを考えていきます。

何倍になっているかを生徒に予想させると、生徒は約１．５倍という予

＜イカ飛行機の作り方＞

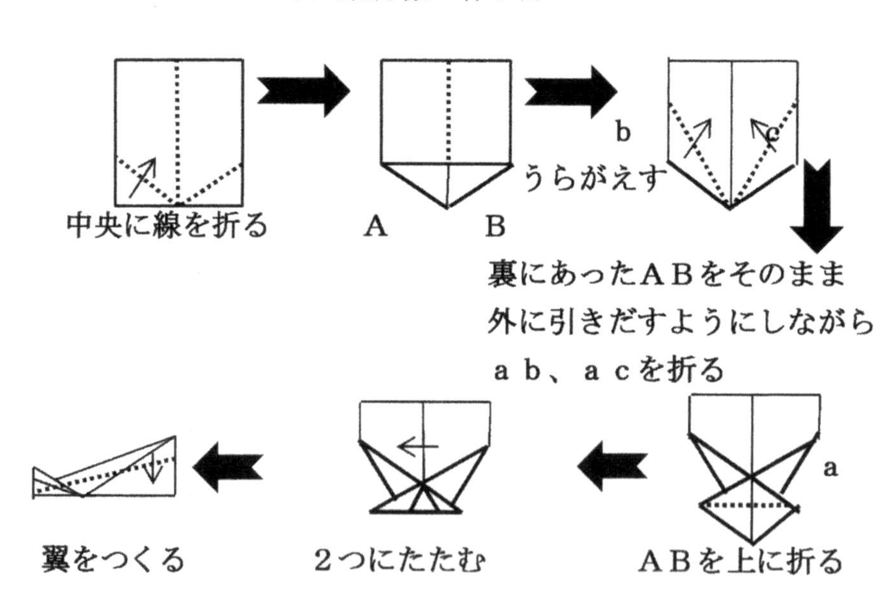

想が大半になっていきます。

わら半紙１枚と、半分１枚は「相似形」なっていることを確認すれば、何倍になっていることが、計算で求めることができます。

ｘの長さがわかればイカ飛行機が何倍になっているかがわかります。

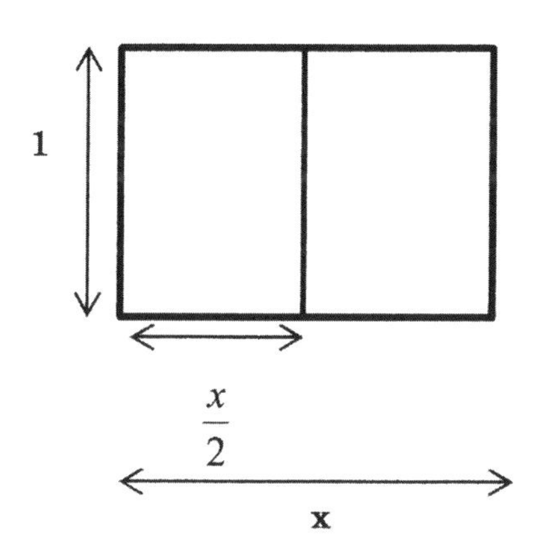

半分の用紙を、横にすると

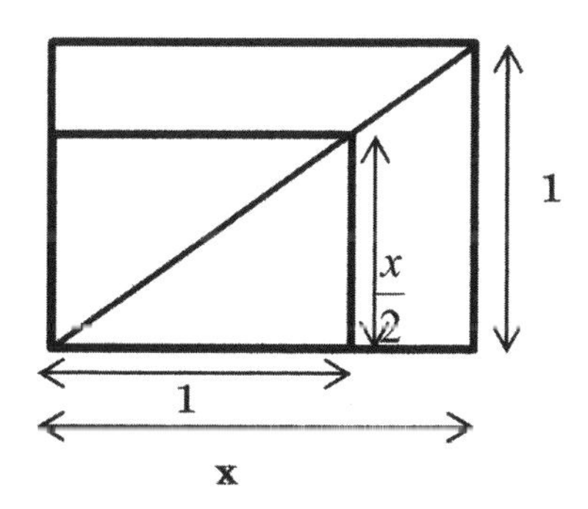

比例式を作ってみると、

$$1 : x = \frac{x}{2} : 1$$

$$\frac{x^2}{2} = 1$$

$$x^2 = 2$$

$$x = ?$$

ｘは、２乗して２になる数です。今まで出会ったことのない数です。そこで、２乗して２になる数を新しい記号√を使って$\sqrt{2}$と書くことにしました。

$$x = \sqrt{2}$$

しかし、この の大きさは実験して求めていくしかありません。

①$x = 2$なら$x^2 = 4$、$x = 1$なら$x^2 = 1$、
　だから$1 < x < 2$

②$x = 1.5$なら$x^2 = 2.25$、$x = 1.4$なら$x^2 = 1.96$、
　だから$1.4 < x < 1.5$

③$x = 1.41$なら$x^2 = 1.9881$ $x = 1.42$なら$x^2 = 2.0164$、
　だから$1.41 < x < 1.42$

以上のように、２乗して２になる数を探していくと＝１．４１４２……小数が無限に続きます。

大きいイカ飛行機は、小さいイカ飛行機の大体１．４１倍ということがわかります。飛行機作り、実験活動をして無理数を定義していきます。

小数は規則性がありません。しかも無限に続くので、「無理数とは、循環しない（規則性がない）無限小数である」と定義していきます。

No21. ２次関数の問題（中３の範囲）

１９９３年５月４日スポーツニッポンという新聞に、こんな記事が出ていました。

「伊良部（いらぶ）、１５８ｋｍ日本最速（西武・ロッテ戦）。スタンドがどっと沸いた。８回から登板した伊良部が清原の３球目に投じたストレートに、スコアボードに表示された数字は１５８キロ」

この記事を読んで考えてみました。

時速１５８キロといえば、秒速４０ｍを超える速さです。

では、秒速４０ｍの速さでボールを上に投げ上げたとしたら、何ｍくらいまでボールは上がるのでしょうか？

ボールの動き方を考えてみました。１秒間でボールは４０ｍ上にあがります。しかし、地球には引力がありますから、ボールは１秒間で５ｍ落ちていきます（地球上では$5 \times 1^2 = 5$）。

だから、ボールは一方で上がりながら、一方で落ち続けるという運動をして、その結果ボールは１秒後には４０ｍ－５ｍ＝３５ｍのところにあるはずです。

同じように、２秒間で考えてみると、２秒間でボールは８０ｍ上にあがります。しかし、地球には引力がありますからボールは２秒間で２０ｍ落ちていきます（地球上では、$5 \times 2^2 = 20$）。２秒後には８０ｍ－２０ｍ＝６０ｍのところにあるはずです。

下に落ちるボールは、	**上に上がるボールは**
３秒間では、４５ｍ	**３秒間では、１２０ｍ**
４秒間では、８０ｍ	**４秒間では、１６０ｍ**
５秒間では、１２５ｍ	**５秒間では、２００ｍ**
６秒間では、１８０ｍ	**６秒間では、２４０ｍ**

下に落ちるボールは、	上に上がるボールは
７秒間では、２４５ｍ ８秒間では、３２０ｍ	７秒間では、２８０ｍ ８秒間では、３２０ｍ

ボールを投げて、ｘ秒後のボールが地上から、ｙｍのところにあるとして、表を完成させてみましょう

ｘ秒	０	１	２	３	４	５	６	７	８
ｙｍ	０	35	60						

上記の表から、ｘとｙの関数を、グラフで表してみましょう。

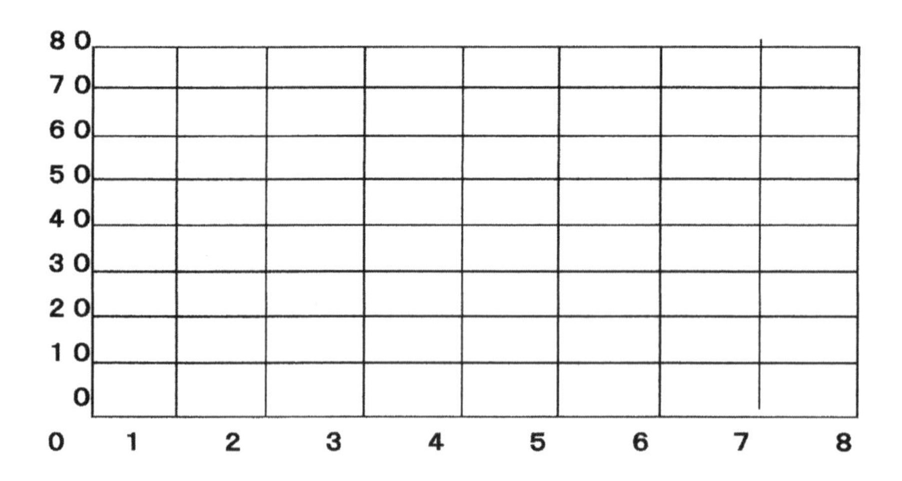

＜解答と解説＞

ボールを投げて、ｘ秒後のボールが地上から、ｙｍのところにあるとして、表を完成させてみましょう。

x	0	1	2	3	4	5	6	7	8
y	0	35	60	75	80	75	60	35	0

上記の表から、ｘとｙの関数を、グラフで表してみましょう。

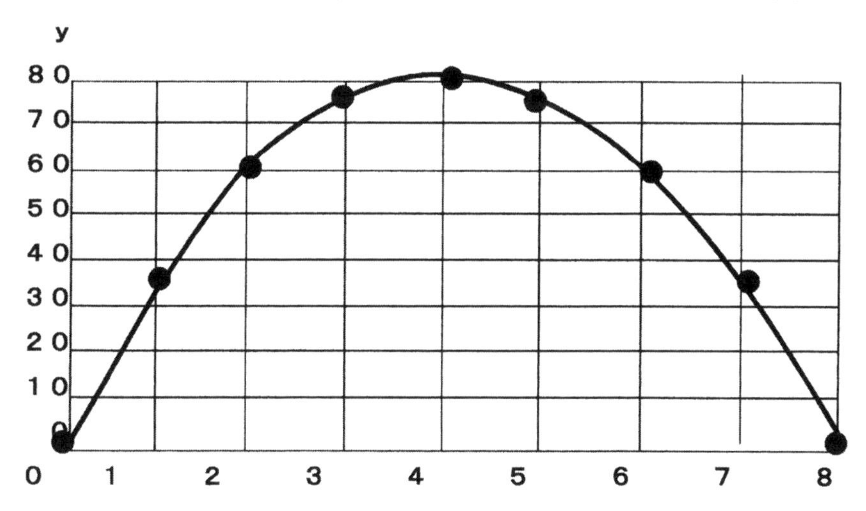

上のグラフを見ると、上がっていく時間とボールが落ちてくる時間は、同じだということがわかります。この事実を何とか体感できないかと考えていました。

そして、もう一つの疑問がどうしても解決しませんでした。

数学の問題のなかで、初速が条件で与えられる場合が多いのですが、どんな方法で初速がわかるのだろうかという疑問でした。

中央ろう学校で野球部の顧問をしていたので、バッティングマシーンを使って、ボールを真上に打ち上げる実験をやってみようと思いました。

この実験をすれば、マシーンから打ちあがったボールの初速は求めることができるであろうと思いました。
中学３年生５名のグループと、実験活動を展開しました。

実験活動１
校舎の下で５人がストップウォッチを持って待機しました。
５ｍ、１０ｍの高さから野球ボールを落下させ、かかった時間を計測します。
それぞれ実験を４回行ない、かかった平均時間をもとめ、一般式
$y=5x^2$という落下の法則を導きます。

実験活動２
生徒を２つのグループに分けました。
１つは屋上へあがり、打ち上げられたボールがトップでスピードが止まる時間を計測します。
もう一つのグループは地上で、ボールが打ちあがって地面に落ちるまでの時間を計測します。
何回か実験し、平均時間を求め、上がっている時間と落ちてくる時間が同じであることを確認しました。

〈どんな関数か考える〉
マシーンの初速をＶｍ／秒、ｘ秒後のボールの高さをｙｍとして、関数の式を考えようということです。
そして、この式から初速Ｖと時間との関係を明らかにしようとした授業です。
もちろん、教科書には出ていませんし、高校の数学Ⅰにも出ていません。

生徒と一緒に考えていった方法

※１秒後の状態を考えた。　上にあがる運動は　$V\times 1=V$ｍ

下にさがる運動は　$5\times 1^2=5$ｍ

１秒後に達する距離は　$V-5$ｍ

※２秒後の状態を考えた。　上にあがる運動は　$V\times 2=2V$ｍ

下にさがる運動は　$5\times 2^2=20$ｍ

２秒後に達する距離は　$2V-20$ｍ

※ｔ秒後の状態を考えた。　上にあがる運動は　$V\times t=tV$ｍ

下にさがる運動は　$5\times t^2=5t^2$ｍ

ｔ秒後に達する距離は　$tV-5t^2$ｍ

※ｔ秒後のボールの高さをｙｍとすれば、

$y=tV-5t^2$となる。

※ボールが地面に戻ってきたことを考えた。

距離が０になったことの発見

つまり、$y=0$を上記の式に代入すればいいことに気づく。

※さっそく、$y=0$を代入した生徒

$$tV-5t^2=0$$

ここで、目的がＶとｔとの関係であることを確認。

この式から、Ｖ＝～という等式変形することに気づく。

$$tV = 5t^2$$

$$V = 5t$$

※Vとｔの関係の発見

（初速Ｖは落ちた時間を５倍すればいい！！）

何秒で落ちてきたことがわかれば、その時間を５倍すれば打ち上げられたときの初速がわかります。こんなことはどんな教科書にも書いてありませんし、生徒に考えさせていなかったことです。

伊良部投手の問題も、初速が与えられていなくても、次のように考えていくとわかります。

伊良部投手が上に向けて投げ上げました。ボールは８秒後に戻ってきました。という条件が与えられていれば、５×８＝４０で伊良部投手は初速４０ｍ／秒で投げ上げたことがわかるわけです。

※追伸

上記の授業は、中央ろう学校中学部Ｋ教諭の４年次研究授業として実施されました。自分は、ＴＴとしてこのグループにはいり、実験活動に参加し、Ｋ教諭に助言していました。

No22. 円の問題（中3の範囲）

むち打ち症の観客「Hくん」

毎朝7：30から15分間、玄関清掃。7：45から8：00まで空手訓練のためにハンドボール練習。8：00～8：10まで懸垂。

寒い冬の朝､ずっと続いている生活でした。ある日､懸垂する順番を待っているとき、低い鉄棒で斜め懸垂をしていたら、手がすべってしまって、頭から地面に激突してむち打ち症になってしまいました。

最初はたいしたことはないと思っていましたが、日ましに痛くなり、病院に行ってレントゲンをとってもらったところ、かなりの重傷だと言われました｡今まで何の苦もなくやってきた日常生活のひとつひとつのことが、首にギブスをはめられてからはつらい行動になってしまいました。

空手が大好きなHくんは、春に行なわれる「空手の大会」をあきらめなければなりませんでした。

そんなある日、Hくんはふと新聞広告で『ベスト・キッド』という空手映画が吉祥寺で上映されていることを知りました。Hくんは、この映画だけは何としても見たいと思っていました。むちうち症で弱気になっている自分自身を元気づけるためにも、この映画で胸があつくなるような感動を味わいたかったのでした。さらに､大好きなジャッキー･チェンの映画だったので、きっと感動するにちがいないと思っていました。

ある日曜日、G4仲間のKさんを誘って吉祥寺へ行きました。映画館の窓口には館内の座席表がはってありました｡全席指定席になっていました。この時でした。Hくんは急に気になることが起こりました。

自分の首は現在ギブスで固定されています。上下運動はそれほど苦痛ではありませんでしたが、右や左へ首を動かすことは簡単ではありませんでした。

Hくんの首に痛みを感じない限界角度は、70°以下であることは、医師の診断ではっきりしていました｡つまり70°以上の角度で見る席に座ってしまったら、Ｈくんはスクリーン全体を見ることができなくなることでです。ということは、あまり前の席ではスクリーン全体は見ることができなくなるのです。一緒に行ったＫさんは困ってしまいました。窓口で切符を買うのに席を希望しなくてはならないからです。

Ｋさんは、窓口で考えこんでしまいました。

７０°で見ることができる席を希望しなくてはならない。どの席なのだろう？　この席でもちょうど７０°で、スクリーン全体が見れ、あの席でも７０°でスクリーン全体が見れ……。

「ハッと」Ｋさんはひらめきました。学校で勉強した、メガホンだ。Ｋさんはカバンのなかにはいっていたコンパスと分度器と定規を出して、窓口にある座席表に作図してみました。

Ｈくんが７０°ぴったりで見ることができる席や、７０°以下で見ることができる席が作図でわかったのです。

そのなかで、空いている席を２つ買うことにしたＫさんでした。Ｋさんのおかげで、Ｈくんは首に痛みを感じることなく映画を楽しむことができました。

(問い)

Ｈくんはどんな位置の座席指定券を買えばよいのでしょうか？　コンパス、分度器、定規を使って作図でもとめてみましょう。

ＡＦが、スクリーンで、BCDEの四角形に、観客席の椅子があります。

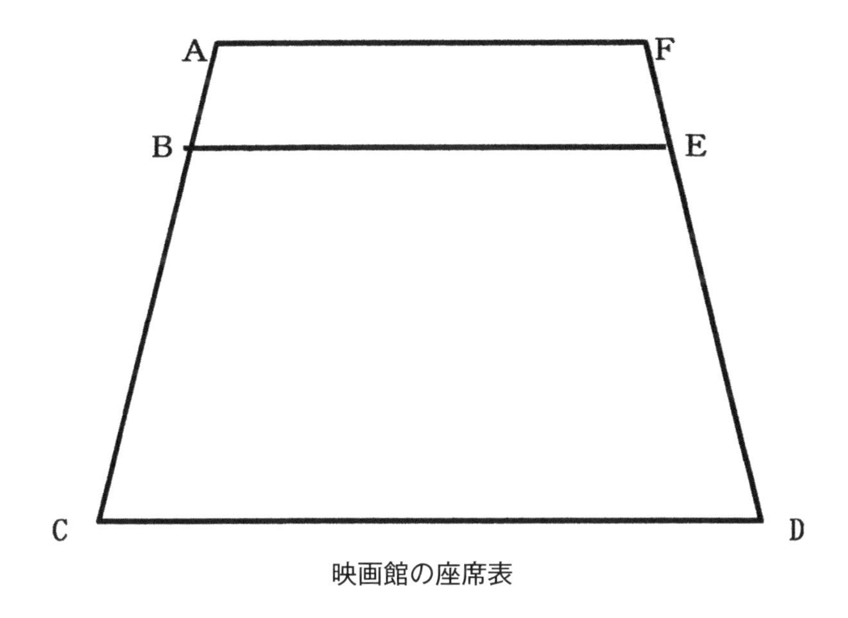

映画館の座席表

（Ｋさんのひらめき）

（１）ＡとＦに、コーンがあると思えば、メガホンの実験と同じである。Ｈくんが７０°しか見ることができない、メガホンを持っていると考えた。

（２）メガホンが７０°ということは、円の中心角は、１４０°になっていること。

（３）中心角が、１４０°になるように、ＡとＦからある角度をひけば、円の中心がわかること。

（４）円の中心がわかれば、７０°見える席が作図できること。

（解答と解説）

中心角が１４０°なので、底辺がＡＦで底角が２０°の三角形を作図し、その頂点が円の中心になります。

その円の外側の座席ならば７０°より小さくなるので、購入する座席を指定できるのです。

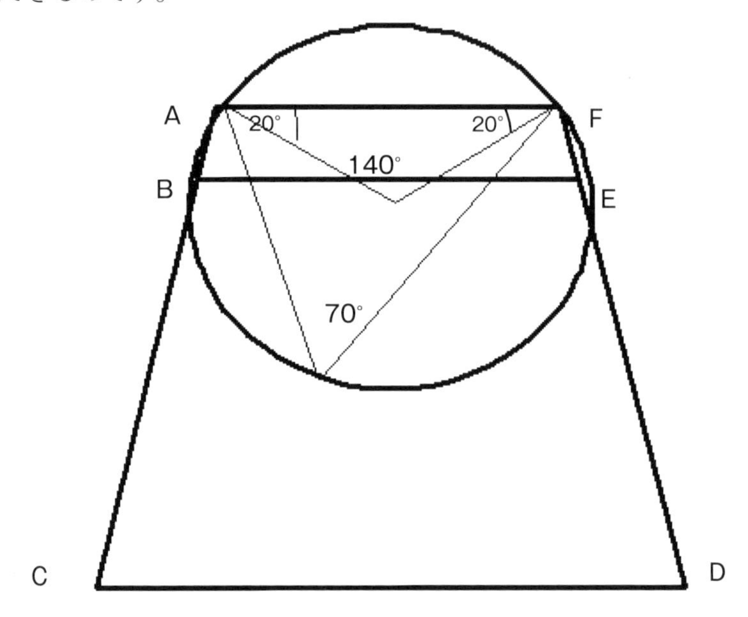

Ｋさんと H君は２人だけのグループで学習しています。一番指導内容に工夫が必要になるグループでした。そこで、中３になった２人のグループに、高等部の教員の自分が１年間ＴＴとしてはいり、２対２の授業をしました。とにかくいろいろな実験活動をして、法則を発見するという基本スタンスで取り組んだ１年間でした（都立中央ろう学校）。

円の単元の導入で、中心角は円周角の２倍であるという関係を確認するために、グランドに出て授業をしました。

グランドに大きな円を書き、その円を６等分したところにコーンを置きました。そして、角度が３０°に開く「メガホン」を作り、２人に持たせました。

円周上のコーンのところに立って、メガホンでコーンが何個見えるか確かめてみます。どこのコーンに立ってメガホンで見ても、コーンは３個見えることがわかります。

次に、円の中心に立たせてコーンが何個見えるか確かめます。２個しか見えないころがわかります。それから、メガホンを右側へ移動させると、３個目のコーンが見えてきます。角が２倍になれば、３個のコーンが見えたことがわかるわけです。

この実験操作活動をすれば、中心角は円周角の２倍の関係があることがわかるわけです。

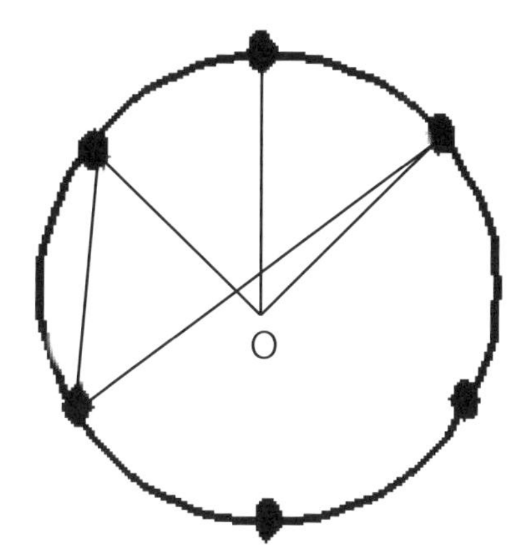

（余禄）

１つの弧に対する円周角は、どれも等しいことが実験でわかったので、ちょっと寄り道して次のような問題を考えてみました。

一郎君は大草原で道に迷ってしまいました。天気はよく、遠くのＡ山、Ｂ山、Ｃ山の山頂がはっきり見えます。そこで、角度をはかったところ、一郎君のいる地点をＰとして、

∠ＡＰＢ＝６０°（円周角が、６０°のこと）

∠ＢＰＣ＝６０°（円周角が、６０°のこと）

でした。幸い、地図・定規・コンパスと、筆記用具はそろっています。地図の上で、一郎君の現在位置を求めてください。

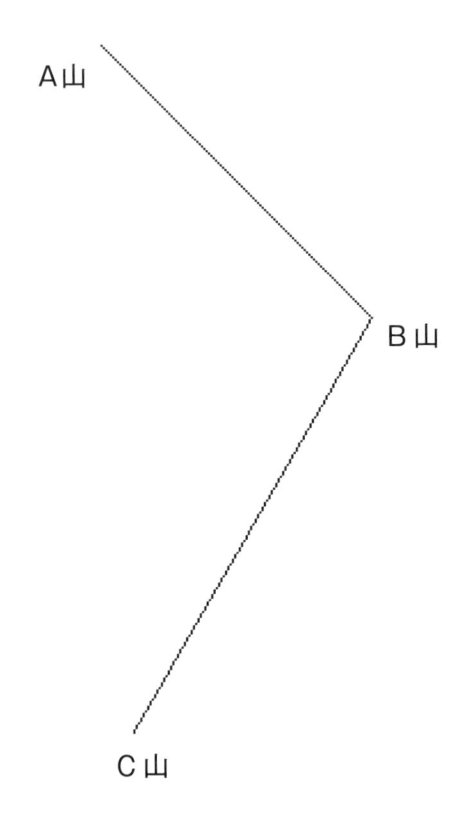

<作図の手順>

（１）底辺ＡＢの正三角形をコンパスで作る。

（２）∠Ａと∠Ｂの２等分線をコンパスで作図し、その交点を円の中心O_1とする。

（３）半径O_1Aとして円を作図する（一郎君は、この円周上にいるはず）

同様に

（４）底辺ＣＢの正三角形をコンパスで作る。

（５）∠Ｂと∠Ｃの２等分線をコンパスで作図し、その交点を円の中心O_2とする。

（６）半径O_2Bとして円を作図する（一郎君は、この円周上にいるはず）。

２つの円の交点が一郎君の立っていた場所であることがわかります。

No23. ３平方の問題（中３の範囲）

ある若いきこりさんが、２０ｃｍ角（１辺が２０ｃｍの正方形のこと）の柱を作るように頼まれました。そこで、若いきこりさんは山にはいり、１本の杉の木の前に立ち、どの杉の木なら２０ｃｍ角の柱ができるか考えはじめました。頭のなかで２０ｃｍ角の柱をイメージしてみました。

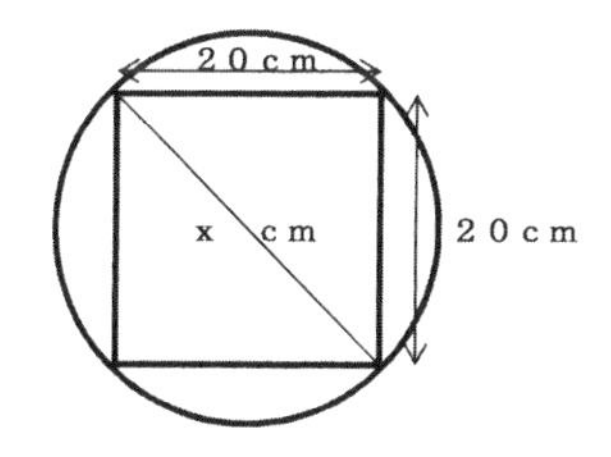

木を切って確かめることは無理なので、若いきこりさんはロープで木の周りの長さを測って、２０ｃｍ角の柱ができる杉の木を見つけることにしました。若いきこりさんは、２０ｃｍ角の柱の直径がわかれば杉の木の周の長さが出ることに気づきました。

今、直径の長さをｘｃｍとおくと、三平方の定理を使えばｘを計算で求めることをはじめてみた。

若いきこりさんは、４５°－４５°の三角形の比を知っていました。

ｘ　：　２０　＝（　　　）:（　　　）　　ｘ＝（　　　　　　）ｃｍ

若いきこりさんは、円周率は３．１４、$\sqrt{2}$は　１．４１として計算をはじめました。

杉の木の周りの長さ＝（　　　　）×（　　　　）×（　　　　）

＝（　　　　　　　　　　　）ｃｍならば、２０ｃｍ角がとれます。

（小数第２位を四捨五入）

一般に、ａｃｍ角の柱を作りたい場合、何ｃｍの杉の木を伐ればよいでしょうか？　公式を作ってみてください。円周率はπ、$\sqrt{2}$はそのままで使用。

公式＝

（解答と解説）

x　：　２０＝（$\sqrt{2}$）：（　１　）

x＝（２０$\sqrt{2}$）ｃｍ

円周率は３．１４、$\sqrt{2}$は１．４１、半径は、１０$\sqrt{2}$として計算をはじめました。

杉の木の周りの長さ＝（2）×（３．１４）×（１０×１．４１）
＝（　８８．５　）ｃｍ　ならば、２０ｃｍ角がとれる。

（小数第２位を四捨五入）

一般に、ａｃｍ角の柱を作りたい場合、何ｃｍの杉の木を伐ればよいか公式を作ってみてください。円周率はπ、$\sqrt{2}$はそのままで使用。

x　：　a　＝$\sqrt{2}$　：　1

x＝$\sqrt{2}$ a

半径は、$\frac{\sqrt{2}a}{2}$になる

公式＝２π×$\frac{\sqrt{2}a}{2}$＝$\sqrt{2}$ π a

三平方の定理（ピタゴラスの定理）は、中学校の数学で一番おもしろい単元です。今まで学習した内容がすべて出てきて、いろいろな関係がわかっていく単元です。２次関数と三平方の定理、円と三平方の定理、空間図形と三平方の定理というように、さまざまな問題を解決していけるとても便利なグッズになっている定理です。

この単元の導入では、エジプト人の縄張師になったつもりでグランドに出ていきます。事前に長いロープを準備し、等間隔でこぶをたくさん作っておきます。

「エジプト人は、直角をこぶのあるロープでどうやって見つけていたのか？」という、授業をしていきます。

事前に、野球部の内野のグランドに、ダイヤモンドを引いておきます。

ホームベースと一塁、ホームベースを３塁の線が、直角になっているかを確かめます。

こぶの間隔を３：４：５として実験していきます。

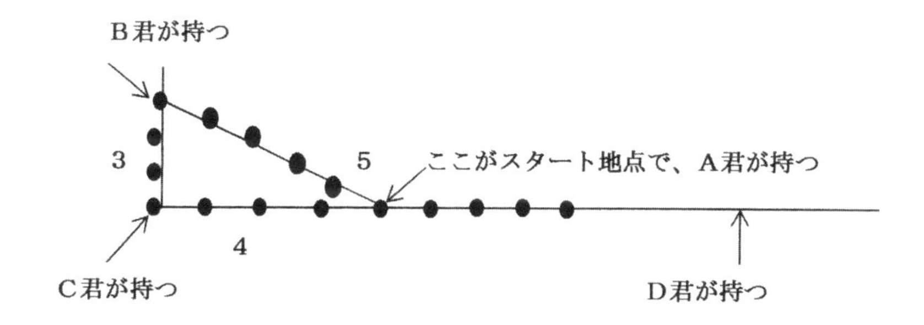

同様に、こぶの間隔を５：１２：１３として実験して、直角であることを確認していきます。

直角を作る技術を体験した後､視点を「直角三角形」にもっていきます。直角三角形の秘密を探ろうという授業です。今度の時代は、ピタゴラスの時代です。

（ピタゴラスの発見）

「直角三角形で、直角をはさむ２辺の上の正方形の面積の和は、斜辺の上の正方形の面積に等しい。」

下図の場合、Ａ＋Ｂ＝Ｃであることです。

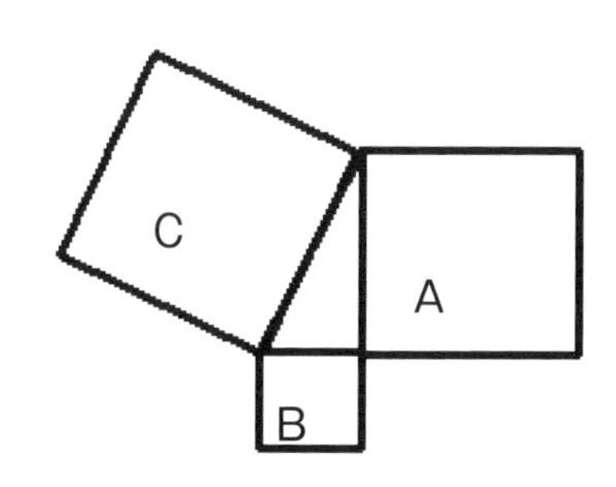

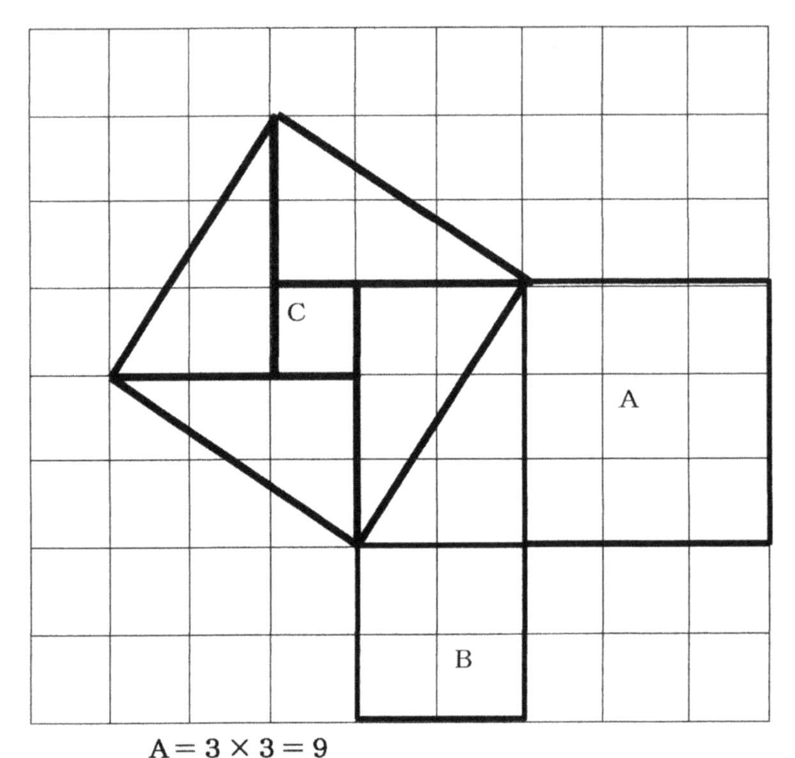

A＝３×３＝９

B＝２×２＝４

A＋B＝１３

C＝（２×３÷２）×４＋１＝３×４＋１＝１３

∴　A＋B＝C

ピタゴラスの発見が面積の定理なので、面積の定理であることを定着させるために「はめこみゲーム」をして、楽しんでいます（A＋B＝Cの確認のための授業)。

＜ゲームのやり方＞

※直角をはさむ２辺の上に作った正方形を、番号をつけた図形に切り抜いて、斜辺の上に作った正方形に、ピッタリはめ込んでみましょう

※できあがったら、完成図を、書いてみよう

（1）

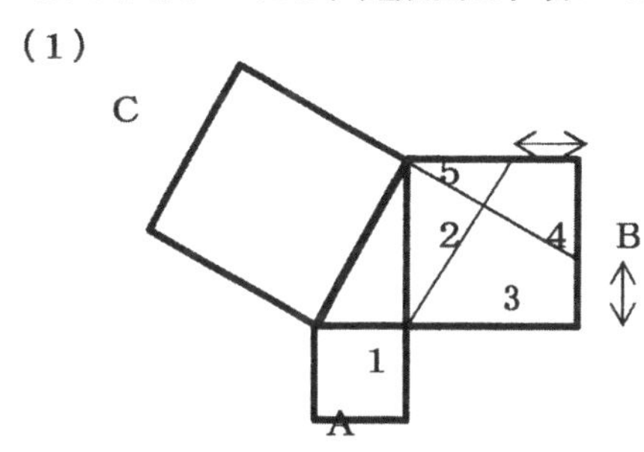

注意：Cの１辺を延長してBを出す
矢印の長さは同じにする

（2）

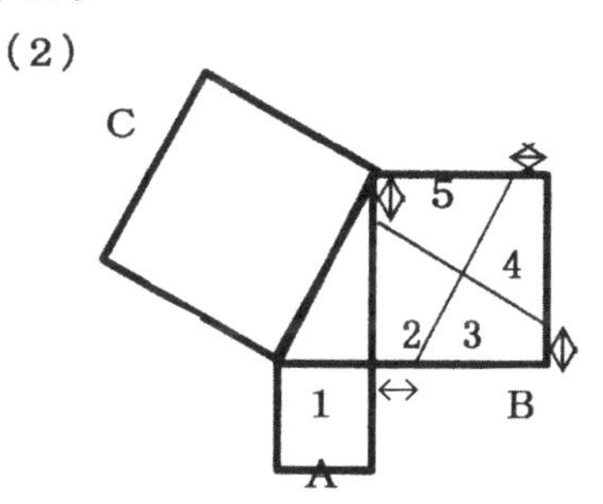

注意：矢印の長さは同じで、長さはBの１辺からAの１辺の差の半分とする。

（3）

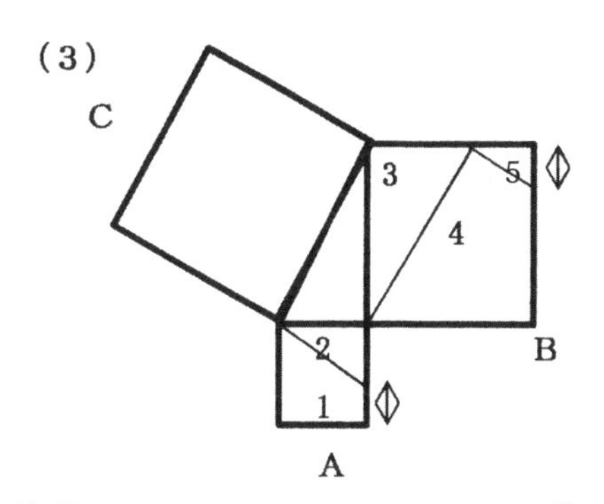

注意：Aの１，２は、Cの辺の延長線
Bの３，４は、Cの辺と平行
矢印の長さは同じにする

（4）

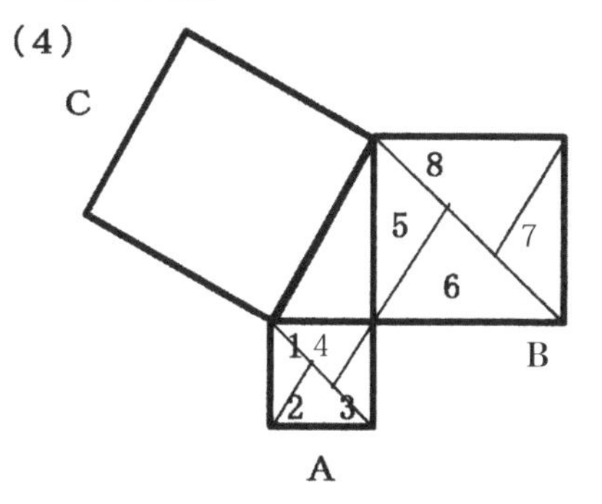

注意：AとBの対角線を引く
AとBの頂点からCの辺（斜辺）と平行線をひく

１～８の図形は、必ず合同なものが２つある
１・２・５・８　と　３・４・６・７　に分けてCの中にはめ込んでいく。

<ピタゴラスの定理>

直角三角形で、直角をはさむ２辺を、それぞれ２乗した和は斜辺の２乗したものに等しい

面積の定理から、長さの定理へ解釈することで、この定理の利用範囲が急激に広がっていきます。

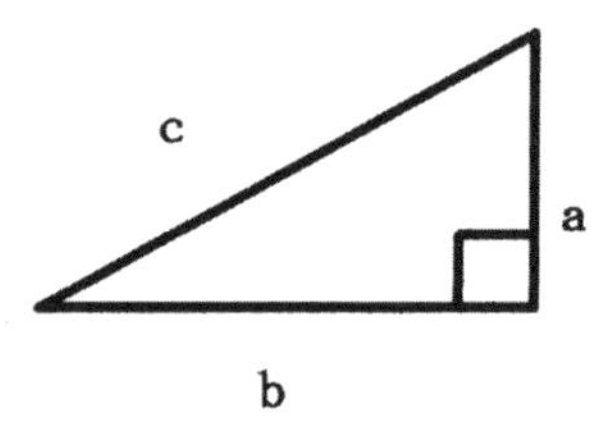

$$a^2 + b^2 = c^2$$

<図から、式変形する証明方法>

上記の直角三角形を、４個つくり、並べていくと、１辺が（ａ＋ｂ）の正方形ができる

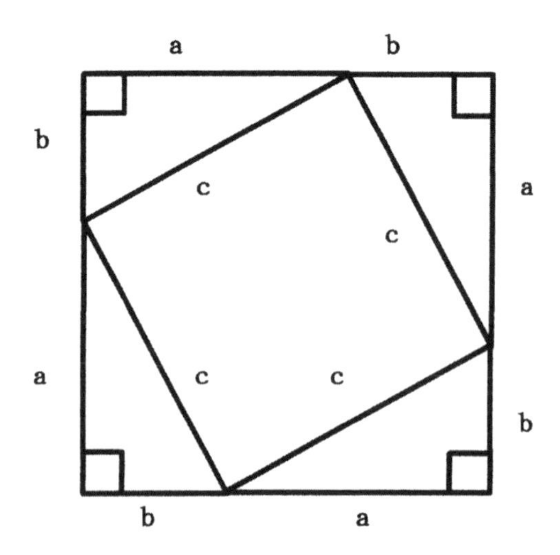

まん中の正方形＝大きな正方形　―　直角三角形４つ分

$$c^2 = (a + b)^2 - (a \times b \div 2) \times 4$$

$$= a^2 + 2ab + b^2 - 2ab$$

$$= a^2 + b^2$$

以上より　$a^2 + b^2 = c^2$

＜余談１＞　$a^2 + b^2 = c^2$　となる自然数　a、b、c　のことを、ピタゴラスの数といっています。　この数が無限にあることを、ピタゴラスは知っていたといいます。

さて、３：４：５　以外のピタゴラスの数を探してみようという授業をしたことがあります。　ただし、　$a < b < c$　とします。

資料として、１～５０までの２乗の表を配布しました。

	２乗		２乗		２乗		２乗		２乗
1	1	11	121	21	441	31	961	41	1681
2	4	12	141	22	484	32	1024	42	1764
3	9	13	169	23	529	33	1089	43	1849
4	16	14	196	24	576	34	1156	44	1936
5	25	15	225	25	625	35	1225	45	2025
6	36	16	256	26	676	36	1296	46	2116
7	49	17	289	27	729	37	1369	47	2209
8	64	18	324	28	784	38	1444	48	2304
9	81	19	361	29	841	39	1521	49	2401
10	100	20	400	30	900	40	1600	50	2500

この表の２乗の数を、みながら探していきましょう！！

aが奇数のとき		aが偶数のとき
$a^2 + b^2 = c^2$		$a^2 + b^2 = c^2$
$(3)^2 + (4)^2 = (5)^2$		$(6)^2 + (8)^2 = (10)^2$
$(5)^2 + (\quad)^2 = (\quad)^2$		$(8)^2 + (\quad)^2 = (\quad)^2$
$(7)^2 + (\quad)^2 = (\quad)^2$		$(10)^2 + (\quad)^2 = (\quad)^2$
$(9)^2 + (\quad)^2 = (\quad)^2$		$(12)^2 + (\quad)^2 = (\quad)^2$
$(11)^2 + (\quad)^2 = (\quad)^2$		$(14)^2 + (\quad)^2 = (\quad)^2$
$(13)^2 + (\quad)^2 = (\quad)^2$		$(16)^2 + (\quad)^2 = (\quad)^2$

何か、法則に気づきましたか？

＜余談２＞　生徒が作った「ピタゴラスの定理の問題」（あきる野市立　秋多中学３年生）　※全員に、自作問題作成用紙を配布し、完成して提出したものから、小テストで採用しみんなに解いてもらいました※

『落とした財布をさがしに、二人の兄弟が、ＬＰ５００カウンタックのラジコンをもって探しにいった。２つの道は、直角にわかれていて、兄は歩いて、時速６ｋｍで、弟は自転車で、時速８ｋｍで進んだ。２人のラジコンの届く距離は、５０ｋｍ以内だという。わかれている道から同時に出発してから、ラジコンが使えなくなるのは、何時間後か』

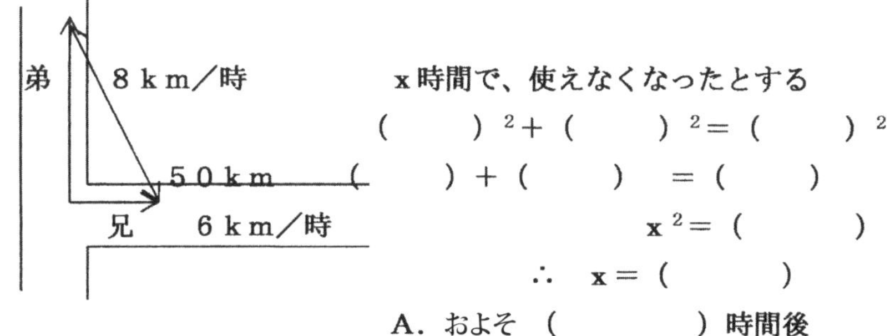

ｘ時間で、使えなくなったとする

（　　　）^{2}＋（　　　）^{2}＝（　　　）^{2}

（　　　）＋（　　　）＝（　　　）

x^2＝（　　　）

∴　ｘ＝（　　　）

Ａ．およそ（　　　）時間後

『春の星座の中の、ぎょしゃ座、こいぬ座、うしかい座のカペラ、プロキオン、アルクツルスはちょうど、直角三角形のように並んでいます。カペラとプロキオンの距離は４光年プロキオンとアルクツルスの距離は８光年といわれています。では、カペラとアルクツルスの距離は、何光年でしょうか？』※１光年＝光が１年間に進む距離＝９兆４６７０億ｋｍ　のことです※　　カペラとアルクツルスの距離を、ｘ光年とします。

カペラ

４光年

８光年

アルクツルス　　プロキオン

（　　　）^{2}＋（　　　）^{2}＝（　　　）^{2}

（　　　）＋（　　　）＝（　　　）

x^2＝（　　　）

∴　ｘ＝（　　　）　　　Ａ　およそ（　　　）光年

No24. 代数総合の問題（中３の範囲）

０がはいっている割算はやっかいです。あるテストでガンマ先生は、次のような問題を出してみました。

「ある数、ａがあるとき、下の３つの問いに関して君の考えを自由に述べなさい」

（１）　０÷ａ＝　（２）　ａ÷０＝　（３）　０÷０＝

<君の考え>

（１）０÷ａ＝□　（２）ａ÷０＝□　（３）０÷０＝□

<Ｏ君の解答>

（１）　０÷ａ＝Ａという答えがあったとする。
すると、０＝ａ×Ａと変形できる。
ａ×Ａ＝０になるためには、Ａ＝０でなければならない。
∴０÷ａ＝０である。

（２）　ａ÷０＝Ａという答えがあったとする。
すると、ａ＝０×Ａと変形できる。
０×Ａ＝ａになるようなＡは存在しない。
∴ａ÷０＝存在しない。
だから、０で割ってはいけない。

（３）　０÷０＝Ａという答えがあったとする。
すると、０＝０×Ａと変形できる。
０×Ａ＝０になるようなＡは何でもよい。
ということは、一つに決まらないこと。
∴０÷０＝一つに決まらない。
だから、０で割ってはいけない。

（解答と解説）

（1）　0 ÷ a = 0

（2）　a ÷ 0 = 存在しない

（3）　0 ÷ 0 = 一つに定まらない

数学の世界の中で、0で割ってはいけないという場面があります。しかし、なかなか生徒にこの事実が定着していきません。中学1年の単元で、反比例があります。この反比例のグラフをかいていくと、0で割ってはいけないという意味がわかります。

$y = \dfrac{1}{x}$ のグラフをかいてみよう。

表を作成してみると、

x	0.001	0.01	0.1	1	2	3	4	10	100	1000
y	1000	100	10	1	0.5	0.33	0.25	0.1	0.01	0.001

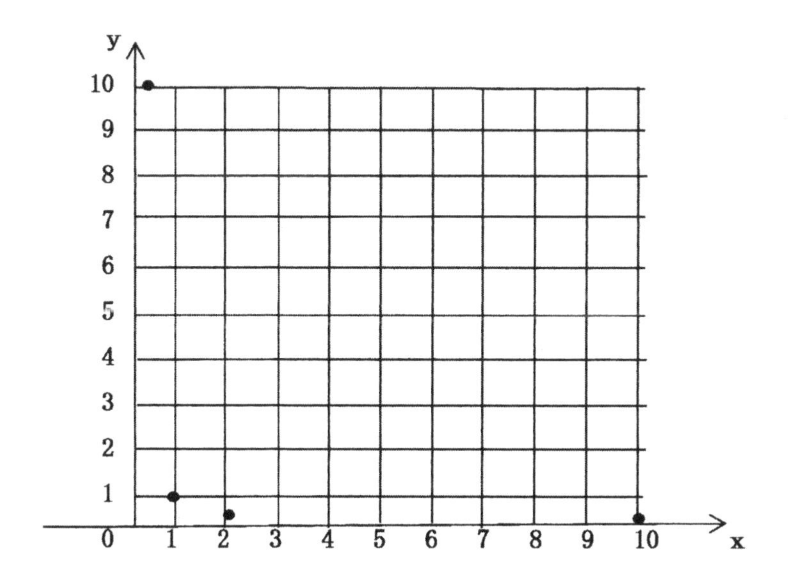

前のページのグラフで、４点をフリーハンドで結んでいくと、滑らかな曲線ができます。問題はｘの値を表のようにどんどん小さくしていくと、ｙの値は、限りなく大きな値をとっていきます。

ｘの値が０に限りなく近づいていくと、ｙの値は無限大に大きくなっていきますが、ｙ軸に接せることはありません。

したがって、ｘの値に０を代入することはできないわけです。しかし、中学１年生に、「無限」を扱って説明しているわけで、グラフが、ｙ軸に限りなく近づいていくというイメージを定着させるには限界もあります。

分数で、分母が０になってはいけないということを、しっかり意識していくと、$y=\frac{1}{x-1}$ のグラフのイメージができるようになります。

上記の関数は、ｘ－１＝０になってはいけない関数なので、ｘ≠１であることです。ということは、ｘに値が１に限りなく近づくと、ｙの値は限りなく大きくなるということです。したがって、上記の関数のグラフは、$y=\frac{1}{x}$ のグラフを、右に１平行移動したグラフであることがわかります。三角比を学ぶと、ｔａｎθの値で、θ＝９０°のとき、ｔａｎ９０°の値はないということが、分数の分母が０になってはいけないということから理解することができます。

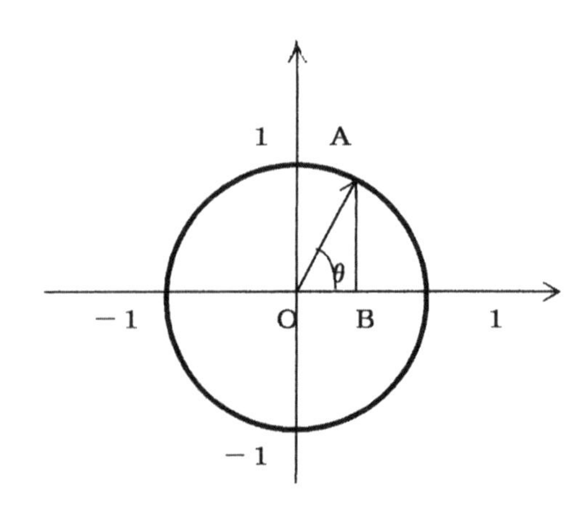

半径１の単位円で考えます。点Ａは円周上にあり、点Ａからｘ軸に垂線をおろし、点Ｂを作ると、直角三角形ＯＡＢができます。

ｔａｎ$\theta=\dfrac{AB}{OB}$のことです。

ここで、点Ａがｙ軸の１に限りなく近づいていくと、ＯＢの値はどんどん０に近づいていきます。θ＝９０°になってしまうと、直角三角形ＯＡＢができなくなってしまうので

ｔａｎ$\theta=\dfrac{AB}{OB}$で、ＯＢ＝０にしてはいけないということです。したがって、ｔａｎ９０°の値はないということになります。

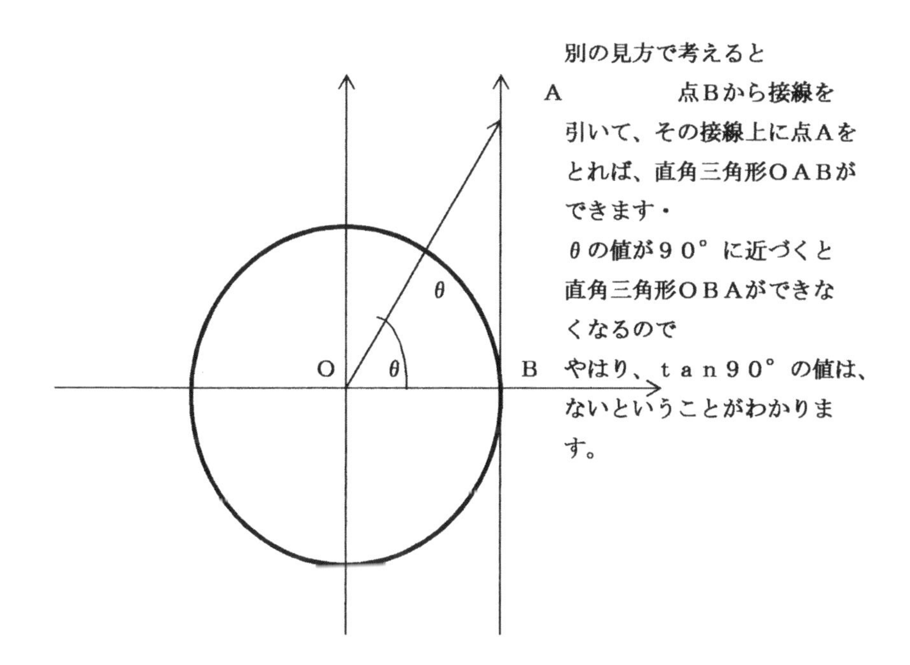

No25. 円柱の切断の問題
（高校数学の範囲）　数Ⅱ（三角関数）

紙をまいた円柱を切断し、その紙を広げると、切り口はどんな形になるか考えてみましょう。

（１）～（３）の場合で、自分の予想を書いてみてください。

（１）約３０°で切断してみると、

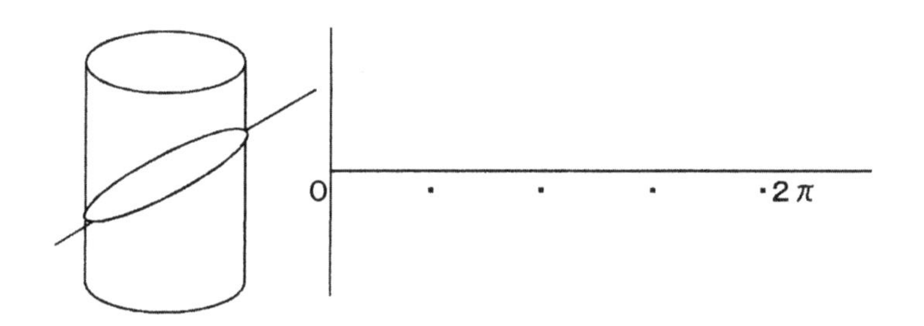

（２）約４５°で切断してみると

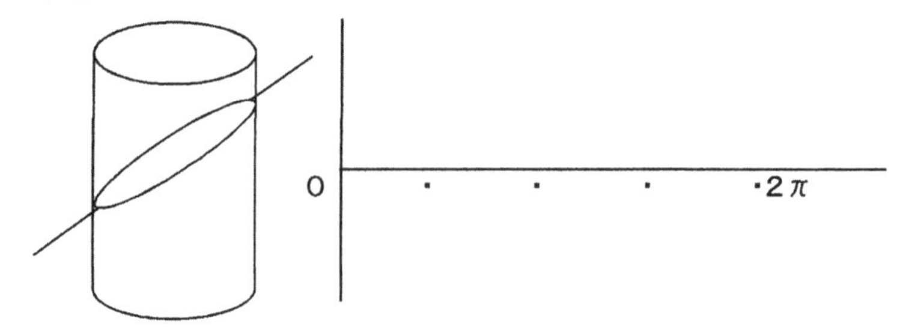

（３）約６０°で切断してみると

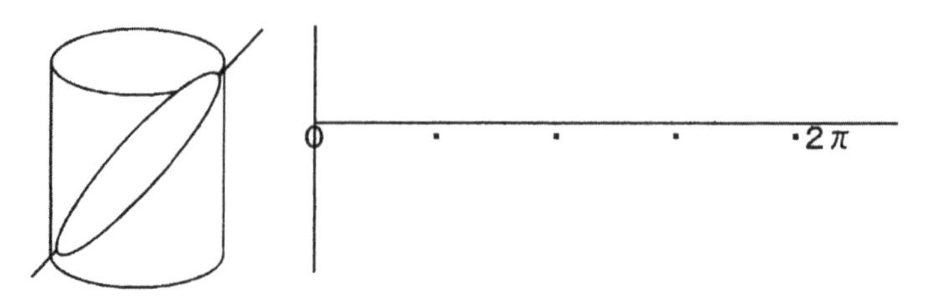

（解答と解説）

波の形が出てきます。３０°だと小さな波。６０°だと大きな波になっています（ｓｉｎカーブです）。

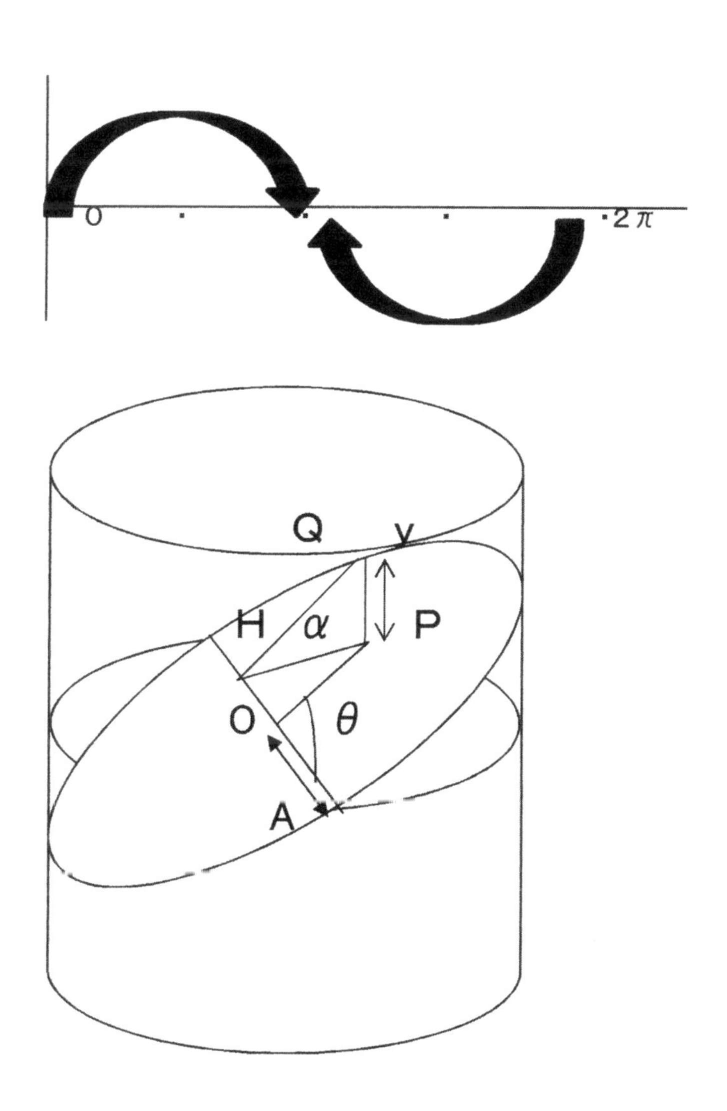

※円Ｏの半径ＯＡをｒとします。図示してください。
※切断面の動点をＱとします。
※点Ｑから垂線をおろし、円との交点をＰとします。
※点Ｐから円の直径に垂線をおろし、その交点をＨとします。
※すると、切断角αが決まります。
※動点Ｑは、ｓｉｎカーブになっていました。

動点Ｑの軌跡を、ｙ＝Ａｓｉｎθとおくと、θは、図でいうと、∠ＡＯＰのことになります。

ｙは図でいうと、線分ＱＰのことになります。図示してください。

以上より、動点Ｑの軌跡は、入力θ、出力ｙの関数関係になっていることがわかります。

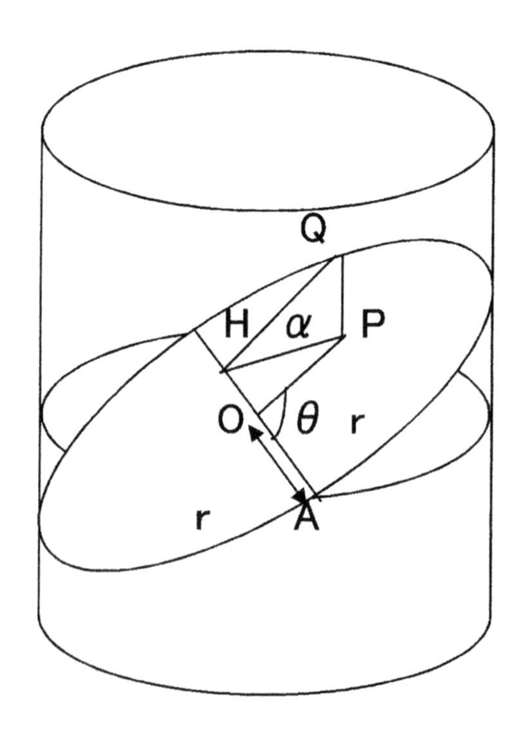

ＰＱ＝ｙとおくと、ｙ＝Ａｓｉｎθになることを証明してみます。

△ＱＨＰに注目します

ｙ＝ＰＱ

＝ＰＨ・ｔａｎα………①　（αは、切断する角度）

一方、

ＰＨ＝ｒ・ｓｉｎθなので　（ｒは、円柱の半径）

これを、①に代入すると

ｙ＝ｒ・ｓｉｎθ・ｔａｎαになる。

変形すると、

ｙ＝ｒ・ｔａｎα・ｓｉｎθ

係数のｒは、円柱の半径、

ｔａｎαは、切断する角度のｔａｎの値なので、ｒ・ｔａｎαは一定値になっています。

したがって、ｒ・ｔａｎα＝Ａとおけば、ｙ＝Ａｓｉｎθと表すことができます。

以上より、円柱を切断すると、切り口は必ずｓｉｎカーブになります。

No026. ダイコンの切断の問題（高校数学の範囲）数Ⅲ（積分）

高さ５ｃｍ、半径３ｃｍの円柱形のダイコンがあります。このダイコンの体積は$V=\pi \cdot r^2 \cdot h$ですので、$V=\pi \cdot 3^2 \cdot 5=45\pi\,cm^3$になります。この求め方は中学生の数学です。積分の考え方をすると、$V=\int$（断面積）dx“Vがｘの関数”と表すことができます。断面積を、たしていくと、体積になるということは、ダイコンを切断することと同じです。では、実際にダイコンを切断して、どんな積分になるのかを考えてみましょう。

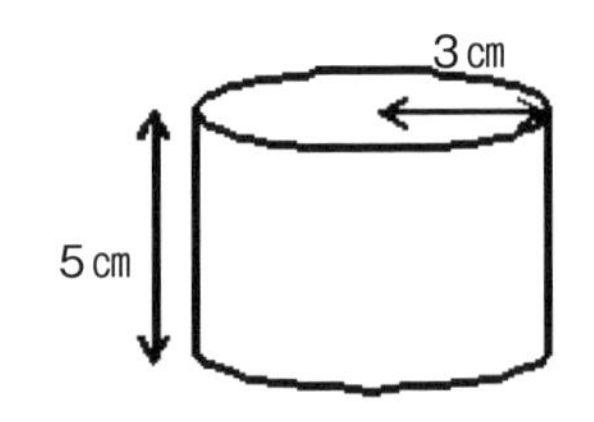

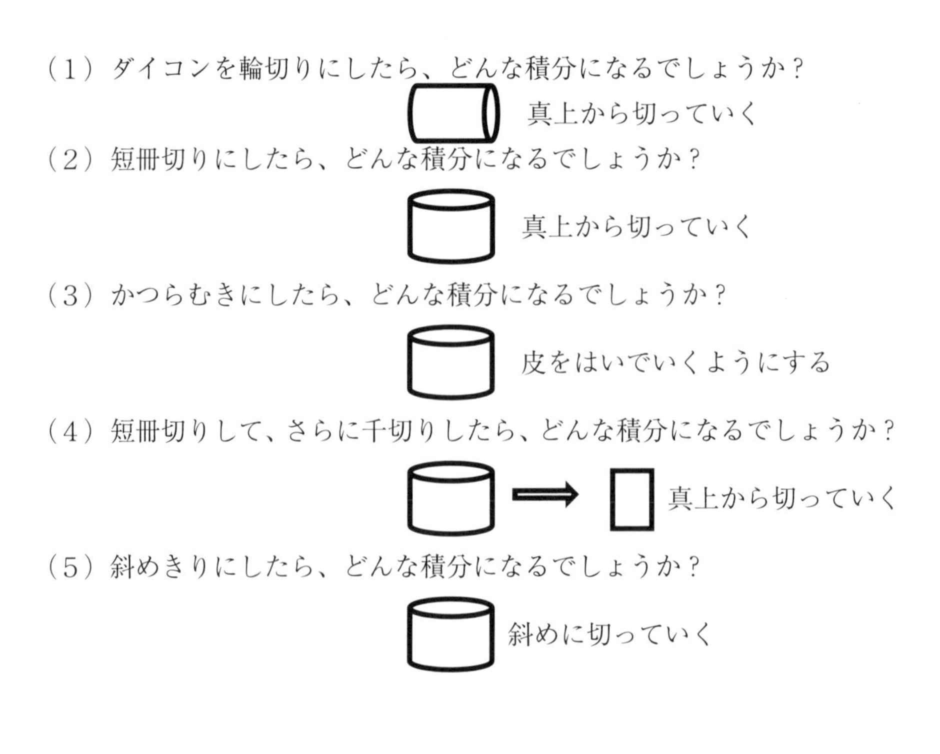

（1）ダイコンを輪切りにしたら、どんな積分になるでしょうか？

（2）短冊切りにしたら、どんな積分になるでしょうか？

（3）かつらむきにしたら、どんな積分になるでしょうか？

（4）短冊切りして、さらに千切りしたら、どんな積分になるでしょうか？

（5）斜めきりにしたら、どんな積分になるでしょうか？

（解答と解説）

実際の授業では教室でダイコンをそれぞれ切ってみて、ホワイトボードにくっつけてどんな積分の式になるかを生徒と一緒に求めていきました。

実際にダイコンを切断してみると、生徒は切り方の名称と切った形から、昔の人が名付けた「切り方」の意味を理解していきました。

「輪切り」「短冊切り」「かつらむき」「千切り」「斜め切り」の５種類の切り方で、どんな積分の式になるかを考えていきました。生徒にとっては、底面積×高さで求めることができるのに、わざわざ大変な積分の計算をしていくのが納得しない様子でしたが、数学の奥の深さは理解してくれたようでした。

（１）ダイコンを輪切りにして、積分してみよう。

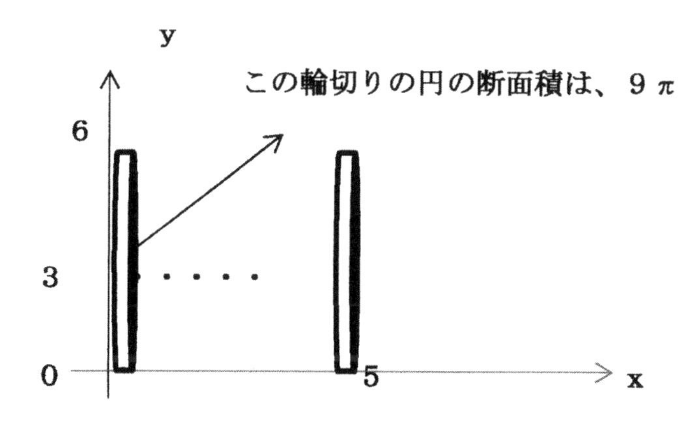

※積分区間が決まったので、Ｖは関数で表すことができる※

$$V=\int_0^5 9\pi\, dx$$

$$=\left[9\pi x\right]_0^5$$

$$=\ 45\pi\ \ cm^3$$

（2）短冊切りにして、積分してみよう。

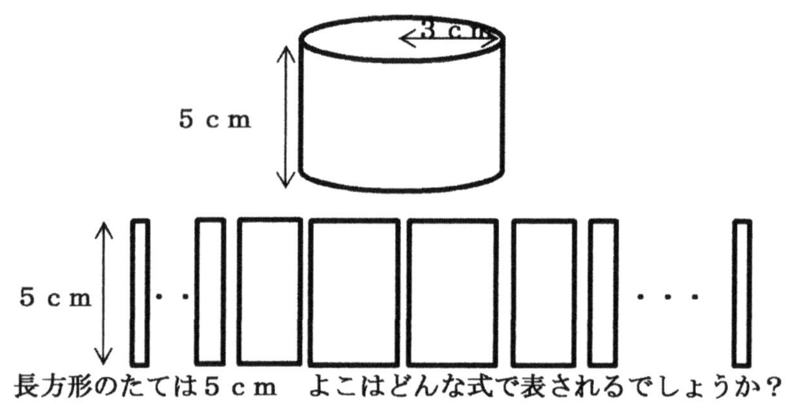

長方形のたては５ｃｍ　よこはどんな式で表されるでしょうか？

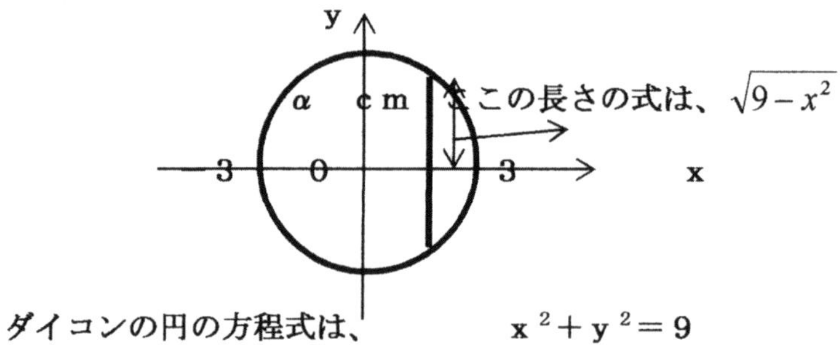

ダイコンの円の方程式は、　　　$x^2+y^2=9$

αは、上の式の　y　のことなので、y＝～に変形してみる

$$x^2+y^2=9$$

$$y^2=9-x^2$$

$$y=\sqrt{9-x^2}$$

短冊切りの、よこの長さは、上の式のαの２倍なので

よこ＝　$2\sqrt{9-x^2}$ ｃｍ

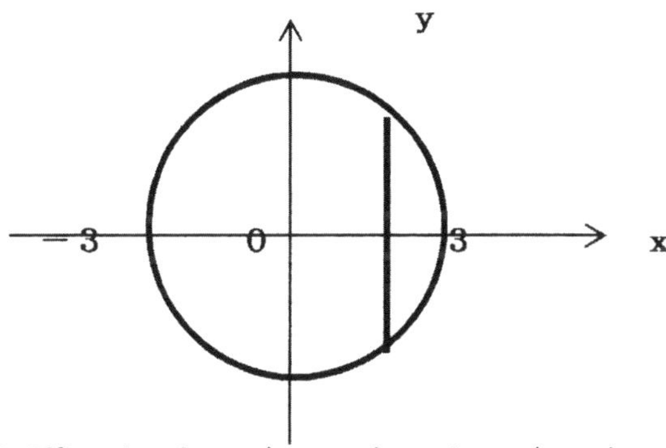

短冊切りの、断面積　は、たて（５ｃｍ）×よこ（２α）　なので

$$断面積＝5\times 2\sqrt{9-x^2}\ \mathrm{cm}^3$$

$$=10\sqrt{9-x^2}\ \mathrm{cm}^3$$

$V=10\int_{-3}^{3}\sqrt{9-x^2}\,dx$　　　※Ｖがｘの関数になった※

$$=20\int_{0}^{3}\sqrt{9-x^2}\,dx$$

$x=3\sin\theta$　とおく。　ｘ　　０ ⟶ ３

　　　　　　　　　　　　θ　　０ ⟶ π／２

$$\frac{dx}{d\theta}=3\cos\theta$$

$$V=20\int_{0}^{\frac{\pi}{2}}\sqrt{9-9\sin^2\theta}\cdot 3\cos\theta\,d\theta$$

$=20\int_{0}^{\frac{\pi}{2}}9\cos^2\theta\,d\theta$　公式　$\cos^2\theta=\dfrac{1+\cos 2\theta}{2}$ より

$$=20\int_{0}^{\frac{\pi}{2}}9\times\frac{(1+\cos 2\theta)}{2}\,d\theta$$

$$=20\int_0^{\frac{\pi}{2}}\left(\frac{9}{2}+\frac{9}{2}\cos 2\theta\right)d\theta$$

$$=20\left[\frac{9\theta}{2}+\frac{9}{2}\times\frac{1}{2}\sin 2\theta\right]_0^{\frac{\pi}{2}}$$

$$=20\left(\frac{9}{2}\times\frac{\pi}{2}\right)$$

$$=45\pi\ \mathrm{cm}^3$$

（３）　かつらむきにして、積分してみよう

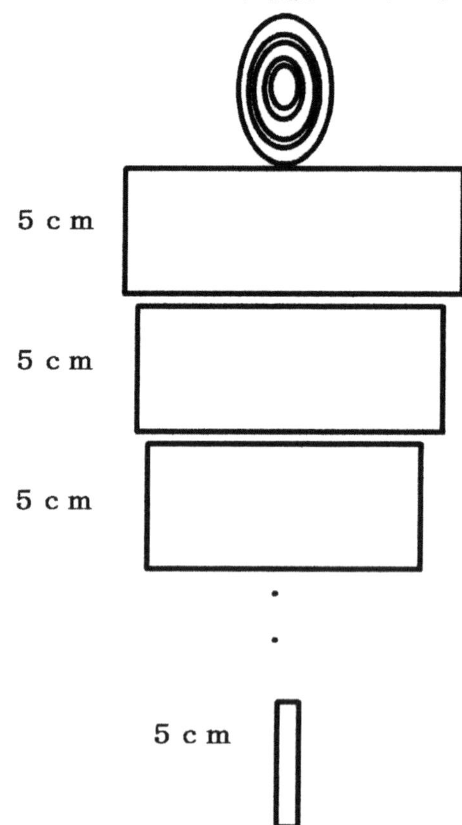

１つ１つの長方形のたては　５ｃｍ　よこは、円周　になっている

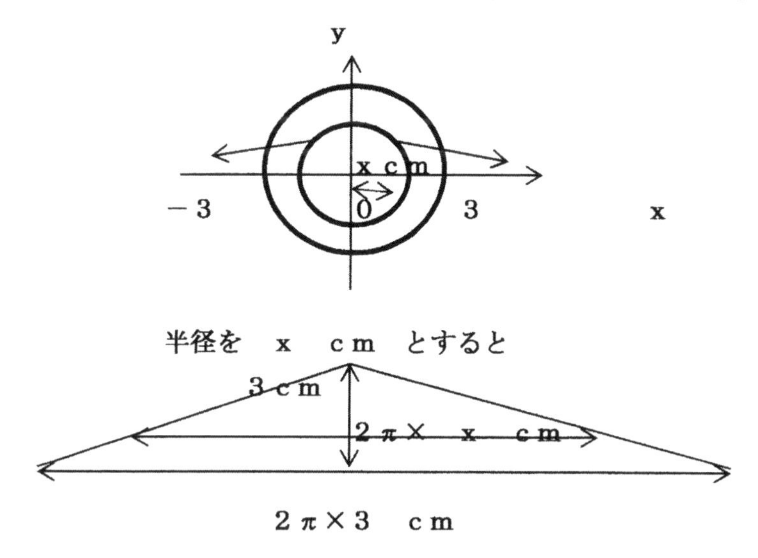

かつらむきの断面積は　たて（５ｃｍ）　×　よこ（円周）　なので

$$V=\int_0^3 5\times 2\pi x \quad dx$$　※Vがxの関数になった※

$$=\int_0^3 10\pi x dx$$

$$-[\ 5\pi x^2]_0^3$$

$$=5\pi\times 9$$

$$=45\pi \quad cm^3$$

（４）　短冊切りして、さらに千切りして、積分してみよう

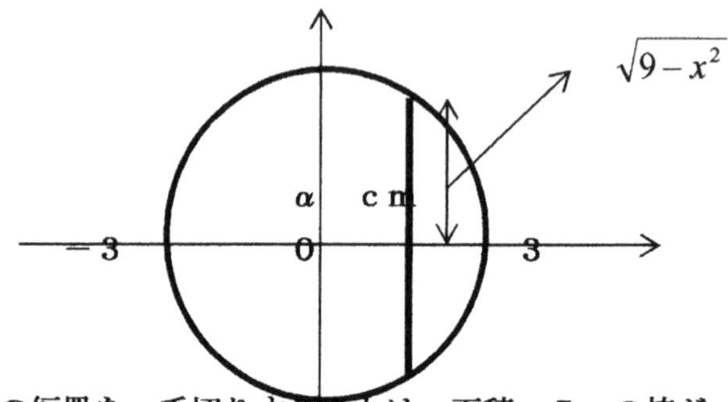

１つの短冊を、千切りすることは、面積　５　の棒が、あつまると、２α　になることと同じ

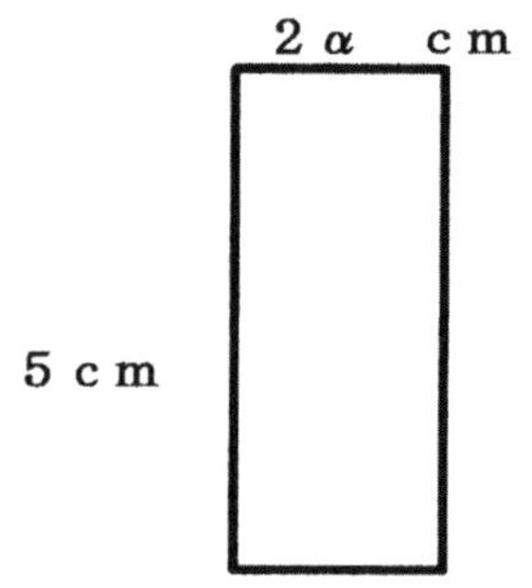

１つの短冊の面積＝∫　５　ｄｘ　　ということ。

積分区間は、０　～　$2\sqrt{9-x^2}$　なので

１つの短冊の面積＝$\int_0^{2\sqrt{9-x^2}} 5dx$

この短冊が、－３～３　まで集めると、ダイコンの体積なので　Ｖ

$$=\int_{-3}^{3}\int_0^{2\sqrt{9-x^2}} 5dx$$　（重積分といいます）

※Ｖがｘの関数になった※

$$=\int_{-3}^{3} \left[5x\right]_{0}^{2\sqrt{9-x^2}} dx$$

$$=\int_{-3}^{3} (10\sqrt{9-x^2})\, dx$$ （これは、（２）と同様）

$$= 45\pi \ \mathrm{cm}^3$$

（５）　斜め切りにして、積分してみよう

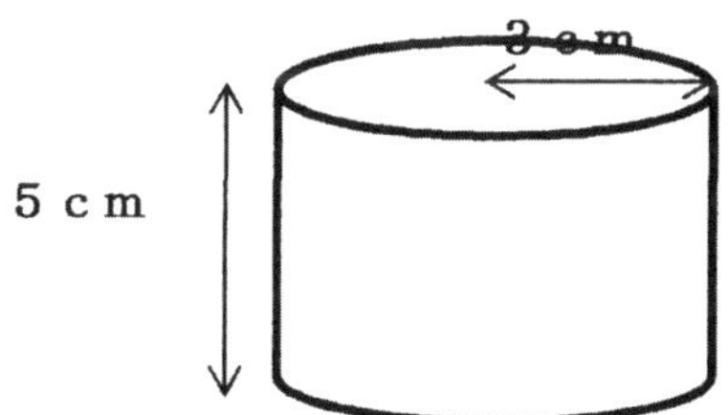

このダイコンを、拡大して、半径３ｃｍ、高さ６ｃｍのダイコンを斜めに切ってみる

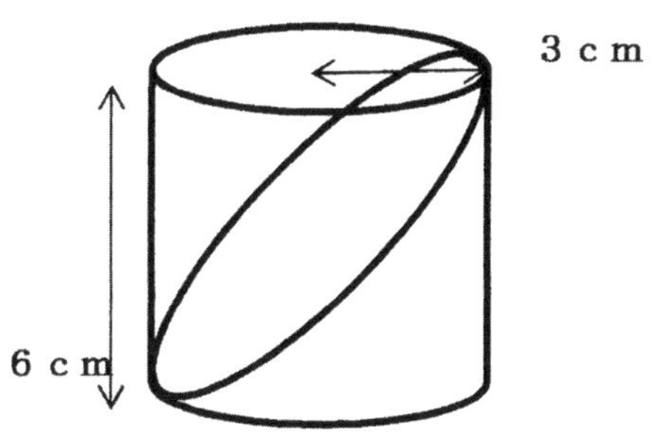

この切り口は、楕円形になっています。

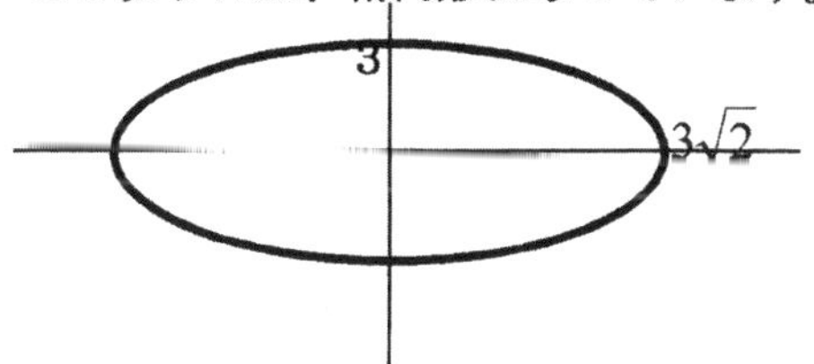

楕円形の面積は、Ｓ＝πａｂ　と表すことができます。
したがって、この楕円形の面積は

$S = 3\sqrt{2} \times 3\pi = 9\sqrt{2}\pi \ cm^2$ です

最初のダイコンの、底面積は、$\pi \times 3^2 = 9\pi \ cm^2$ です。

底面積は、$\sqrt{2}$ 倍に増えたことになります。
最初のダイコンの高さは、５ｃｍでしたから
同じ、体積にするには、底面積　$9\sqrt{2}$ で、高さを $5/\sqrt{2}$ 倍すればいいわけです。

したがって、　$V = \int_0^{\frac{5}{\sqrt{2}}} 9\sqrt{2}\pi \, dx$

※Ｖがｘの関数になった※

$$= [9\sqrt{2}\pi x]_0^{\frac{5}{\sqrt{2}}}$$

$$= 9\sqrt{2}\pi \times \frac{5}{\sqrt{2}}$$

$$= 45\pi \ cm^3$$

No27. 源氏香の問題
（高校数学の範囲）　数A順列・組み合わせ

香道のなかで組香は、競技のようなおもしさがあります。

組香というのは、何種類かの香を組み合わせてその香木の香をかぎあてる遊びです。組香のなかでも一番有名なのが、香の組１つ１つを源氏物語の巻の名に当てはめた「源氏香」というものです。

源氏香では、５種の香木がそれぞれ５包ずつ２５包用意されています。

このなかから、無作為に５包を取り出して順にたいていきます。２５包のうちの５包ですから、全部同じ香のときもあれば、全て異なる場合もありえます。順番に香を聞く（かぐこと）ごとに、紙の上に右から順番にたて線をひき、同香と思われるものは上を横線でつないでいきます。５回、聞香炉がまわってきます。例として、下記のようにまわってきたとします。

1回目をかぎました。	
2回目をかぎました。 でも、ちがう香でした	
3回目をかぎました 1回目と同じ香でした	
4回目をかぎました まったく違う香でした	
5回目をかぎました 4回目と同じ香でした	

源氏香は、一体いくつのパターンがあるか考えてみてください。

（解答と解説）

（1）みんなちがうパターン（皆断）

　　※帚木（ははきぎ）といいます。

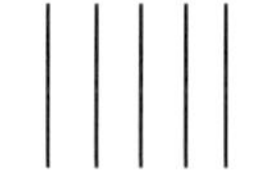

（2）2つだけ同じパターン（二連）

　　※篝火（かがりび）といいます。

（3）3つだけ同じパターン（三連）

　　※蛍（ほたる）といいます。

（4）4つだけ同じパターン（四連）

　　※末摘花（すえつむはな）といいます※

（5）5つとも同じパターン（五連）

　　※手習（てならい）といいます。

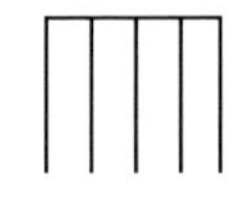

（6）2つ同じものが2組あるパターン（二、二連）

　　※若紫（わかむらさき）といいます。」

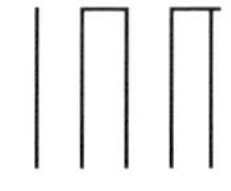

（7）2つと3つが同じパターン（二、三連）

　　※匂宮（におうのみや）といいます。

　パターンは7種類だということがわかりました。しかし、そのパターンのなかでもいろいろな組み合わせがあるわけで、源氏香は一体何種類あるのかということが気になります。

　実は、源氏香の種類は全部で52種類あります。それぞれの香に源氏物語の巻の名前がついています。巻頭の「桐壷」と巻末の「夢浮橋」にはそれに相当する香組がありません。

では、５２種類を、数学を使って求めてみましょう。

（１）みんなちがうパターン（皆断）これは、１通り。

（２）２つだけ同じパターン（二連）

５本の中から、２本とる方法なので、

$_5C_2 = 5 \times 4 / 2 \times 1 = 10$通り。

（３）３つだけ同じパターン（三連）

５本の中から、３本とる方法なので、

$_5C_3 = 5 \times 4 \times 3 / 3 \times 2 \times 1 = 10$通り。

（４）４つだけ同じパターン（四連）

５本の中から、４本とる方法なので、

$_5C_4 = 5 \times 4 \times 3 \times 2 / 4 \times 3 \times 2 \times 1 = 5$通り。

（５）５つとも同じパターン（五連）　これは、１通り。

（６）２つ同じものが２組あるパターン（二、二連）

５本の中から、２本とる方法は、

$_5C_2 = 5 \times 4 / 2 \times 1 = 10$通り。

残った３本の中から、２本とる方法は、

$_3C_2 = 3 \times 2 / 2 \times 1 = 3$通り。

全部で、$10 \times 3 = 30$通り。

しかし、このなかには、同じ取り方が２ずつはいっているので、

$30 \div 2 = 15$通り。

（７）２つと３つが同じパターン（二、三連）

５本の中から２本（あるいは３本）とる方法と同じなので、

$_5C_2 = 5 \times 4 / 2 \times 1 = 10$通り。

以上より、$1 + 10 + 10 + 5 + 1 + 15 + 10 = 52$通りです。

＜余談＞　いくつ読めるか、試して下さい　　源氏物語５４帖巻名

第１部		第２部	第３部
1　桐壷 (　　　)	18　松風 (　　　)	34　若菜上 (　　　)	42　匂宮 (　　　)
2　帚木 (　　　)	19　薄雲 (　　　)	35　若菜下 (　　　)	43　紅梅 (　　　)
3　空蝉 (　　　)	20　朝顔 (　　　)	36　柏木 (　　　)	44　竹河 (　　　)
4　夕顔 (　　　)	21　乙女 (　　　)	37　横笛 (　　　)	45　橋姫 (　　　)
5　若紫 (　　　)	22　玉鬘 (　　　)	38　鈴虫 (　　　)	46　椎本 (　　　)
6　末摘花 (　　　)	23　初音 (　　　)	39　夕霧 (　　　)	47　総角 (　　　)
7　紅葉賀 (　　　)	24　胡蝶 (　　　)	40　御法 (　　　)	48　早蕨 (　　　)
8　花宴 (　　　)	25　蛍 (　　　)	41　幻 (　　　)	49　宿木 (　　　)
9　葵 (　　　)	26　常夏 (　　　)		50　東屋 (　　　)
10　賢木 (　　　)	27　篝火 (　　　)		51　浮舟 (　　　)
11　花散里 (　　　)	28　野分 (　　　)		52　蜻蛉 (　　　)
12　須磨 (　　　)	29　行幸 (　　　)		53　手習 (　　　)
13　明石 (　　　)	30　藤袴 (　　　)		54　夢浮橋 (　　　)
14　澪標 (　　　)	31　真木柱 (　　　)		
15　蓬生 (　　　)	32　梅枝 (　　　)		
16　関屋 (　　　)	33　藤裏葉 (　　　)		
17　絵合 (　　　)			

No28. ｓｉｎθとｃｏｓθの合成問題
（高校数学の範囲）　数Ⅱ三角関数

どうして、ｓｉｎカーブとｃｏｓカーブを合成すると、ｓｉｎカーブになってしまうのでしょうか？

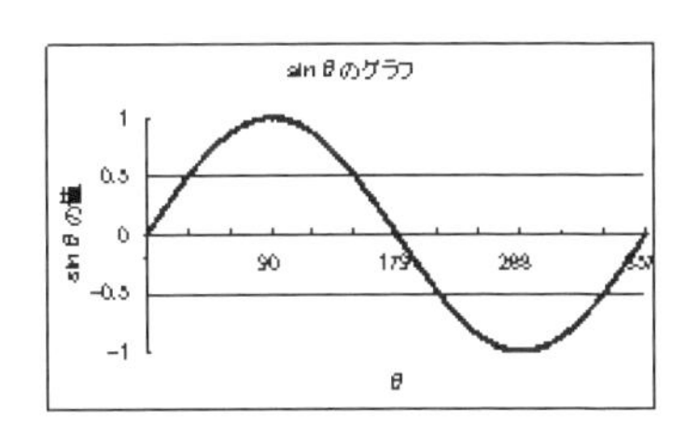

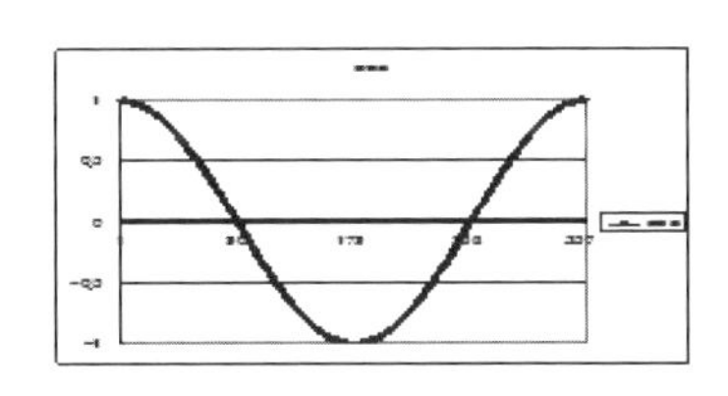

ｙ＝ｓｉｎθ＋ｃｏｓθ　のグラフがどんな形になるか？
実験して確かめてみましょう

	0	30	45	60	90	120	135	150	180
Sin	0	0.5	0.7	0.85	1	0.85	0.7	0.5	0
Cos	1	0.85	0.7	0.5	0	−0.5	−0.7	−0.85	-1
sinθ ＋ cosθ	1	1.35	1.4	1.35	1	0.35	0	−0.35	−1

ｓｉｎθ＋ｃｏｓθの値を、下のグラフにとって、結んでみましょう

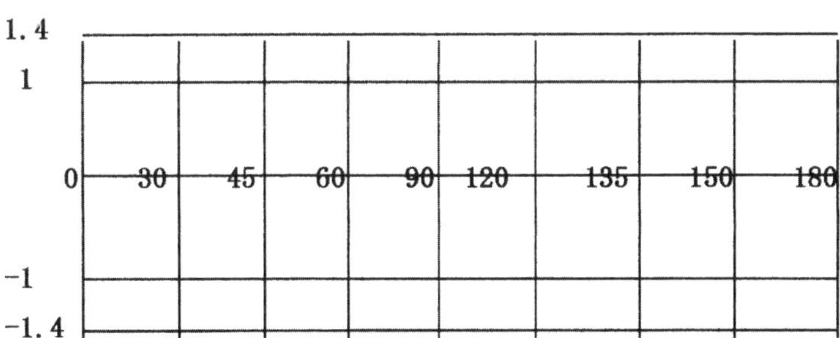

（解答と解説）

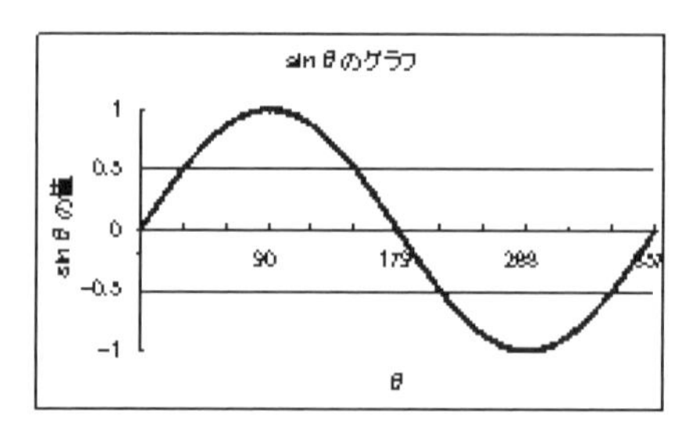

y＝ｓｉｎθのグラフが拡大されて、横に平行移動しています。縦方向には$\sqrt{2}$倍されていて、左の方向に４５°平行移動したグラフになっています。

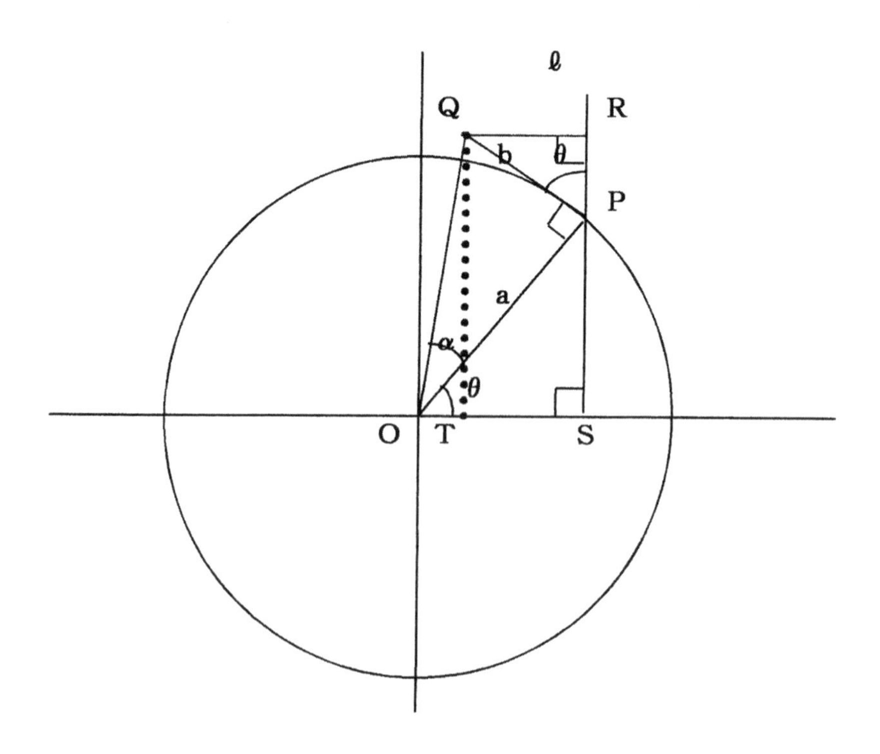

半径ａの単位円を作図し、垂線ℓを作ります。単位円との交点Ｐから、接線を作図します。その接線の長さを、ｂとして直角三角形ＱＲＰを作図します。

この図から、$a \cdot \sin\theta + b \cdot \cos\theta$に意味が出てきます。
つまり、$a \cdot \sin\theta + b \cdot \cos\theta = RS$ということがわかります。

図より、ＲＳ＝ＱＴ　なので、

$$QT = OQ \cdot \sin(\theta + \alpha)$$
$$= \sqrt{a^2 + b^2} \cdot \sin(\theta + \alpha)$$

$$\therefore \quad a \cdot \sin\theta + b \cdot \cos\theta = \sqrt{a^2 + b^2} \cdot \sin(\theta + \alpha)$$

図より、Ｘ軸とＹ軸を左方向へθ回転させると（ａ、ｂ）、という座標が決まります。
すると、$\sin\theta + \cos\theta$の合成は、（１、１）の座標で考えると、

斜辺は $= \sqrt{1^2 + 1^2} = \sqrt{2}$
$\alpha = 45°$なので、

$$\sin\theta + \cos\theta = \sqrt{2}\sin(\theta + 45°)$$ となります。

No29. 数列（高校数学の範囲） 数B 数列

階段を上るのに、一度に１段または２段しか上ることができないとします。

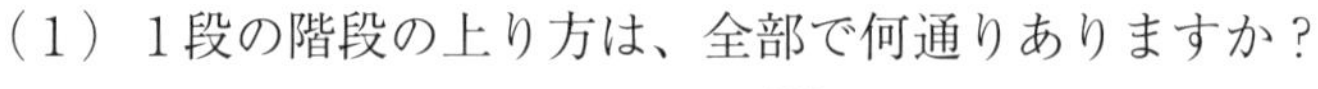

（１） １段の階段の上り方は、全部で何通りありますか？

（２） ２段の階段の上り方は、全部で何通りありますか？

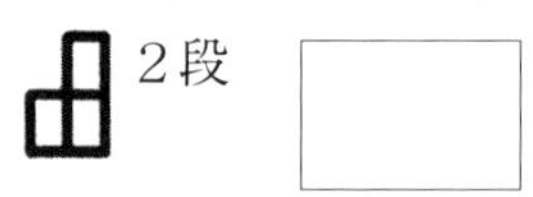

（３） ３段の階段の上り方は、全部で何通りありますか？

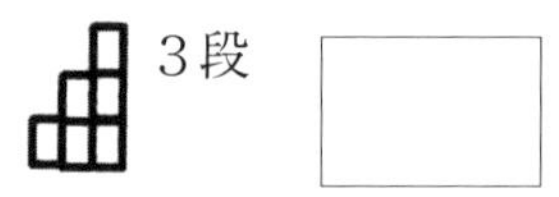

（４） ４段の階段の上り方は、全部で何通りありますか？

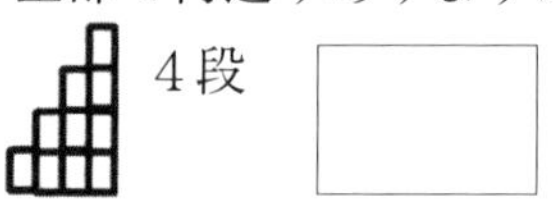

（５） ５段の階段の上り方は、全部で何通りありますか？

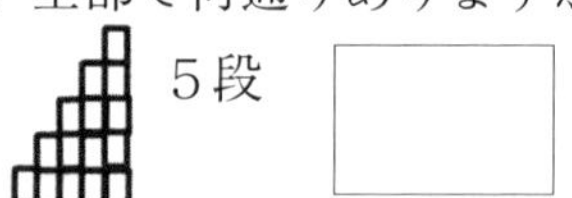

（６） ６段の階段の上り方は、全部で何通りありますか？

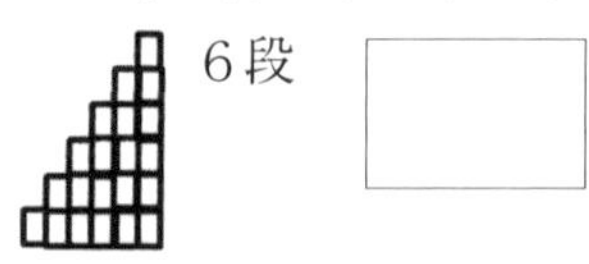

上り方の数字をみるとある数列になっています。どんな規則になっているでしょうか？

（解答と解説）

１段＝１通り　２段＝２通り　３段＝３通り　４段＝５通り
５段＝８通り　６段＝１３通り　７段＝２１通り　８段＝３４通り　９段＝５５通り

数列、１、２、３、５、８、１３、２１、３４、５５……は、１、１、２、３、５、８、１３、２１、３４、５５……と考えれば、前の２項の和が次の項になっている数列であることがわかります。

上記の問題は、定期試験で出した問題です。中央ろう学校高等部２年理科系の数学Ｂの問題でした。

生徒は４人。初見でこの問題に挑戦しています。実際の問題では、階段の絵がありませんので、生徒は階段の絵を書いて実験で１段上りと２段上りを組み合わせて何通りあるかを求めていました。

４段階段まで実験で求めていくと、何か法則がありそうだということに気づきはじめていました。そして、その法則を使って結果を予想して、また実験を繰り返して､自分の予想が正しいということを確認していました。

試験のなかで、こうした経験をすることで、数学に必要な考え方を身に着けてほしかったわけです。上記のような数列は、フィボナッチ数列といいます。

正式なフィボナッチ数列は１、１、２、３、５、８、１３・・・・となる数列ですが、高等学校の数学では、きちんと教えられることはない数列です。

ｎ番目の項は、前の２項の和になっているという不思議な数列です。

定期試験の解答用紙を返却するときに、このフィボナッチ数列の話をしました。

フィボナッチ数列は、自然界などに多く見られる数列なのですが、この時は図で表してみました。フィボナッチ数列の各項を１辺とする正方形を作っていくとフィボナッチ数列のイメージができあがってきます。

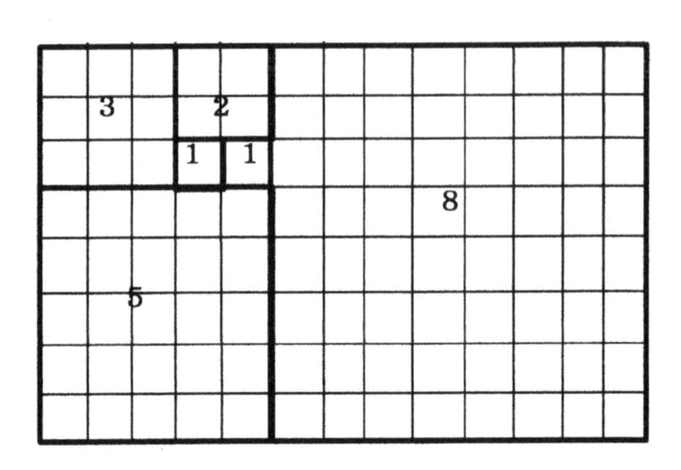

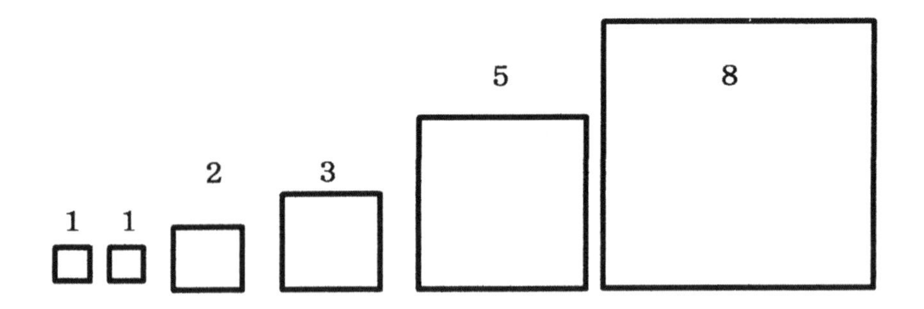

数列の一般項を求める方法を学習していくと、いろいろなテクニックが必要になる場合が出てきます。

単なるテクニックではなく、その技法の意味を考えて授業をしてきました。

No30. 背理法の問題
（高校数学の範囲）　数Ａ論理と証明

下図のような８チームが参加してトーナメント試合を行ないました。引き分けはありません。表はトーナメント終了後における各チームの総得点、総失点の集計表です。ただし、空欄は不明です。

これから決勝戦の結果は「○チームが△チームに何対何で勝ったか」のか考えてみてください。

チーム名	総得点	総失点
A		6
B	3	
C	3	
D	6	
E		3
F	2	
G	3	2
H		1

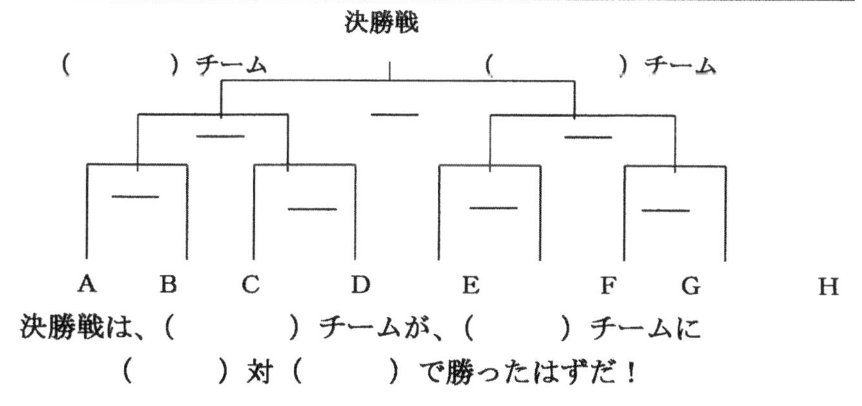

決勝戦は、（　　　）チームが、（　　　）チームに
（　　）対（　　）で勝ったはずだ！

（解答と解説）

チーム名	総得点	総失点
A	8	6
B	3	4
C	3	4
D	6	6
E	3	3
F	2	3
G	3	2
H	0	1

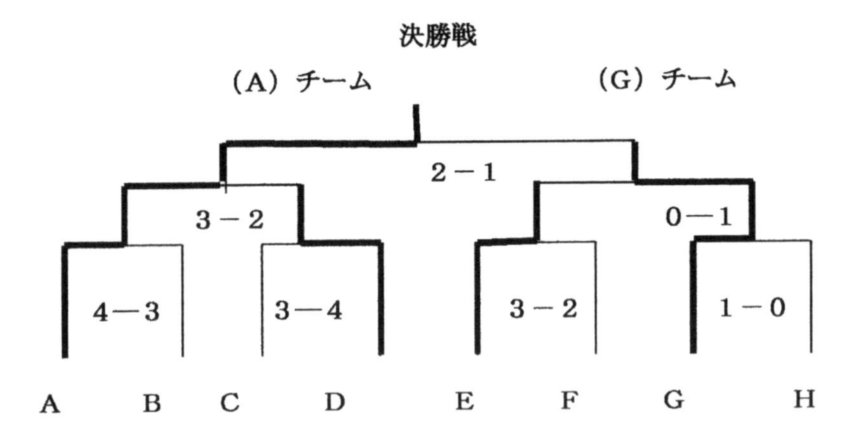

決勝戦は、（A）チームが、（G）チームに（2）対（1）で勝ったはずだ！

※Ｇの結果を見ると、Ｇは、１回戦で、Ｈに勝ったはずです。

※Ｅの結果を見ると、総失点は３。Ｆの総得点は２なので、Ｅが１回戦で、勝ったはずです。

※ＥとＧの試合は、Ｅは失点１、Ｇは得点１で勝ったはずです。

※ＣとＤの試合は、総得点がＤが多いので、Ｄが勝ったはずです。

※ＡとＢの試合は、Ｂが総得点３なので、Ａの総失点が６よりＡが負けるはずがないことがわかります。

※ＡとＤの試合は、Ｄはあと２得点、Ａはあと３失点が許されるので、Ａが勝ったはずです。

※決勝戦は、Ａ対Ｇです。Ａは、７得点で５失点。Ｇは２得点で０失点。Ｇの総失点は２なので決勝で、Ｇは２失点しています。一方、Ａの総失点６より、１失点しています。ということは、２対１で、Ａが勝ったことになります。

　頭のなかで、もし？が負けたとすると、〜になるはずがありません。矛盾を生じさせます。だから、？は勝ったはずだという論理を使って、どこが勝っていったかを予想していきました。

　この考え方が、背理法そのものなので、数学の背理法にはいる前に、この問題に挑戦させてきました。

あとがき

東京都の教員として大学を卒業して赴任したのは、八丈町立大賀郷中学校でした。

八丈島には４つの中学があり、自分が赴任した学校は、島のなかでは、２番目の規模の学校で、生徒数は１００人程度の学校でした。

数学の教員は自分一人。学級数は６つ、理科の先生に一つの学年をもってもらい、自分の教師生活がはじまりました。

数学の授業、学級担任の仕事、部活の指導、生徒会の指導等、すべてが手探りの教員生活でした。５年間の八丈島の生活でしたが、教師としての基礎はこの５年間で養われたと思っています。

当時の八丈島の教育は、先輩の先生方がいろいろなサークルで学びの活動をしていました。自分は、算数・数学サークルの中で、自分の実践をレポートしたり、先輩方の指導方法から、いろいろ学ぶことができました。

当時の八丈島の小学校では、「わかる算数」で算数を学習させていました。タイルを使用し、計算の理屈を学び、算数の基礎学力はかなり定着していました。

しっかり、タイルで学習してきていた生徒なので、中学の数学はとってもやりやすかったことが思いだされます。この５年間で、教具をたくさんつくりました。

正負のトランプ、文字式のべきタイル、方程式のてんびん、関数のブラック・ボックス、カーテンレールの落体器具、平行線作成器、円周角作成器、代入計算ボックス、三平方のはめ込みパズ等などです。当時木材で作成した教具は３８年間使用することができました。

教師生活の１年目の夏休みに、数学教育協議会の全国研究大会・北海道大会に参加しました。その大会で同じ部屋になった先生が、故遠山啓先生でした。

先生は、八丈島の教育のことで、いろいろ相談にのってくれました。大学時代から、遠山先生の著書を読んでいたので、感動の時間でした。

数学教育協議会の全国大会や、西多摩数学サークル等の活動を通して、わかって、楽しく、学びがいのある数学をめざしてきました。

身体がまだ元気なうちは、東京都の非常勤講師としていろいろな学校で数学の授業をしていきたいと思っています。

岩間　美顕

〈経 歴〉

１９５３年　神奈川県川崎市で誕生
　　　　　　川崎市立上丸子小学校で野球をはじめる。
　　　　　　川崎市立中原中学校で野球部所属。
　　　　　　神奈川県立多摩高等学校でハンドボール部所属。
　　　　　　早稲田大学教育学部数学専修で教師をめざす会で活動。
１９７６年　２２歳。八丈町立大賀郷中学校に赴任し、東京都の教員生活がはじまる。
２０１４年　６０歳。東京都立中央ろう学校を退職し、東京都の教員生活が終了する。

家族構成　妻・長女・次女・長男の５人家族

部活　野球部顧問（八丈島・中央ろう学校）
　　　ハンドボール部顧問（羽村第一中学校）
　　　サッカー部顧問（東大和第１中学校）
　　　バレー部顧問（秋多中学校・杉並ろう学校）
　　　スポーツ部顧問（羽村養護学校・村山養護学校）

趣味　スポーツをすること（ソフトボール活動中）
　　　バイクに乗ること（バイク３台所有中）
　　　ギターを弾くこと（バンド活動中）

ボランティア　西砂川地区体育会の役員として、地域のスポーツ、行事を企画・運営中

問い合わせ先　Eメール　the53try@yahoo.co.jp

『わかって楽しい、ガンマ式数学物語』

2015年11月25日　第1刷発行©

著者　岩間 美顕

発行　東銀座出版社

〒101-0061 東京都千代田区三崎町2-6-8 大室ビル402号
TEL：03-6256-8918　FAX：03-6256-8919
http://www.higasiginza.co.jp

印刷　創栄図書印刷